經濟學家不藏私料理筆記

林向愷——著

家常菜升級——
辦桌功夫菜的祕方

作者序

廚房裡的經濟學

林向愷

不少朋友知道我要出食譜後，會好奇地問：「經濟學者的食譜與一般食譜有何不同？」「經濟學不是最講究分工以發揮比較利益？」「經濟學者真的願意在家花時間做菜嗎？」「做菜的事不是應該交給廚師、餐廳去完成嗎？」

若做菜只是為了產出一些可以吃的東西，以獲得維生所需養分，經濟學者當然沒有比較利益，這種生產性工作應交給大廚或餐廳。若視做菜為一個過程，提供不同參與者互動與分享的活動，一旦考量到互動與分享會對參與者產生效益，做菜所產生的價值便大於大廚或餐廳提供餐飲服務的價值，值得每一個人嘗試。

這本書是一個喜愛做菜的經濟學教授，將一些功夫菜化繁為簡的心得，留下在家做菜與辦桌三十年經驗的紀錄，期望讀者讀完它後，能深刻了解到在家吃飯是件幸福的事，在家辦桌也不是件難事。

做菜也可是賓主盡歡的休閒活動

我的做菜哲學很簡單，將做菜當作最具有創意的另類休閒活動。休閒不能只是休息與睡覺，若將做菜視為休閒活動，亦可調劑一天繁忙的工作。四十年前赴美攻讀博士時，手頭不寬裕，加上不喜歡美式食物，即便課業繁忙，還是選擇在家自己料理。當時心中的念頭是：與其將做菜視為每天必要的勞務工作，不如將它視為休閒活動。那段時間除了每晚準備晚餐，也常在週末請朋友或教授到家裡一起用餐，分享生活的點滴。

二〇〇七年，我的論文指導教授芬恩．基德蘭德(Finn Kydland)訪臺，接受媒體訪問時，還曾提及他受邀到我家作客並享用我自釀的啤酒，賓主盡歡。二十幾年後，老師的這段記憶仍未磨滅，也是在家辦桌令人意想不到的結果。

出國前，我在家裡的早晚餐都由母親打理，進廚房的機會不多，卻常在餐桌上聽到不少母親說的做菜技巧，記得她總愛說這道菜是在哪裡聽到的，聽後她總會在家試做，我們就成為新菜的試吃者。

出國後，開始學做的菜都是選食譜上作法較簡單的料理，或以前在家裡吃過的菜，主要用意是掌握做菜的基本原則。在臺灣，聽母親說材料與作法時並未記錄下來，在美國試做那些菜時，只有打越洋電話向母親求援。避免日久又忘，就養成記錄的習慣，也成了這本食譜的起源。同一道菜做了幾次後，逐漸掌握到基本原則，然後再對食譜或原先的記錄做修正。

多聽、多做、多嘗試

做菜要創新，須先看食譜掌握基本原則後，然後多聽與多看，就能從舉一反三到超越食譜。

對做菜有興趣的讀者要選一、二本自己喜歡的食譜，挑幾道喜歡的菜餚開始著手練習；其次，要多做，如此才能累積自己的經驗，然後行諸文字，才能建立自己做菜的要領；最後要多聽，有些做菜經驗很難行諸文字，只能言傳。不少做菜訣竅都是經驗的累積，這些訣竅又不容易在食譜中找到，往往聽大廚或有經驗者的料理人一句話，勝過做菜十年。

一般而言，臺式和中式料理基本烹飪方式不外乎煎、炸、炒、燜（紅燒）、燉、蒸、滷、烤、燻、燙（白灼）和煲湯。選擇食譜時，應選一本教這些烹調基本功夫的食譜，坊間有不少號稱創意料理的食譜，初學者應先避免這類食譜，因為沒有掌握基本原理，再有創意也無法發揮。

學會這些基本功夫後，料理只是這些烹調方式的不同組合應用而已。研讀食譜以了解做菜方法固然重要，但要掌握關鍵，就要動手做，不要怕進廚房。先按照食譜步驟學著做，不要怕失敗，一遍又一遍地做到每次做出來的料理在味道及菜色幾乎一樣，表示你已經掌握到這道菜的作法。

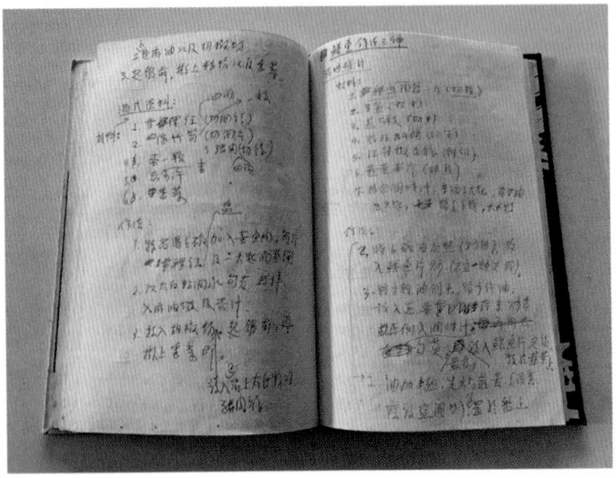

練好基本功再求創新

我的食譜，強調在家做菜或辦桌應盡量採用當令在地的食材及烹調方式，如此最能反映出在地生活和風土狀況。而且，鮮活的料理除了要結合當令在地食材，還需要能反映風土狀態的調味料。

舉例說，食譜中的香酥鴨是中國四川料理，最重要的調味料便是花椒。四川是花椒重要產地，在四川做香酥鴨，結合在地的花椒以去除鴨的腥味，最後炸鴨更可突顯出鴨皮脆薄的香氣與口感；在臺灣做香酥鴨，食材沒有問題，但要找到具有特殊香氣的花椒（如大紅袍）就不容易，沒有香氣的花椒不但無法去腥，可能還會讓鴨皮少了那股淡淡的花椒香氣。

試想，如果因為好的花椒不易取得，而將八角及花椒改為西式香料（如胡椒、百里香及鼠尾草），這三種香料雖都能去除鴨的腥羶味，但以作法來看，香酥鴨是在油炸過程中，將鴨的油脂排出被炸油吸去，也將花椒的香味逼出來；而法式烤鴨則是利用紅蘿蔔及洋蔥等蔬菜，吸收烤鴨過程所釋出的油脂，再與胡椒、百里香及鼠尾草結合，產生令人意想不到的美味。

如果用西式香料醃過的鴨子下去油炸做香酥鴨，滋味必定大打折扣；反之亦然，八角及花椒未必能與烤過的新鮮蔬菜產生美味的結合，可能還讓雙方都失去自己的個性，所以，使用這本食譜學做菜的讀者，要先學會傳統料理調味料的用法和醬汁的作法，先掌握基本原則才能開始創新。

廚房是最棒的家庭交誼廳

在臺灣，大多數家庭成員都是從早忙到晚，能共同參與活動、分享工作心得的時間並不多。不少家庭選擇上餐廳或買便當而不願開伙，為的是省事省時，卻少了準備晚餐過程裡互動的機會，甚至也無法培養共同分擔工作的生活方式。

追求省時省事的結果，使得臺灣家庭的功能較之於歐美弱化了許多，也難怪某位法國駐臺官員夫人很難想像為何臺灣家庭少有在家裡共同準備晚餐，一起享受在家完成的料理。不少家庭買便當回家後，分好便當，便各自打開手機，各吃各地，各看各的，成員之間沒有太多互動，晚餐的功能變成單純獲取營養而已。

基於晚餐是家庭核心活動的想法，我堅持家人必須準時回家共同準備晚飯。我與太太（徐光蓉教授）回國後都在大學任教，除了教學，還得為升等拚研究，每天回到家常常都已七點，不可能所有菜餚均是現做，所以，在家做菜講求搭配，有些菜可事先做，再分餐吃，有些菜則講究快速。

由於我做菜速度較快，三十年來都是由我掌廚，太太則擔任幫手，並專攻西菜及甜點，所以這本食譜有我太太貢獻的幾道菜。為強調在家做菜是一項重要家庭活動，亦請媽媽、妹妹共同參與。

在家辦桌是我做菜最大的享受。從宴客名單的擬定（在家辦桌與應酬不同，在家辦桌只與朋友分享），菜單確定，到最後一道菜上桌，賓主盡歡。我與我太太辦桌，必須在菜單設計上兼顧美味與效率，不可能所有的菜都是現做，而菜單設計要有主、配角之分，這本食譜可依前述原則辦桌，以下是我在家宴客常見菜單：

1. 涼拌百味黃瓜
2. 四喜烤麩
3. 燻魚
4. 滷味
5. 臭豆腐炒黃豆芽
6. 青豆蝦仁燴豆腐
7. 蒸魚

8. 青蟹炒蛋
9. 香酥鴨
10. 鴨湯

前四道菜可前一天預先煮好，剩下來的六道菜，除了香酥鴨必須前一天醃製，其他都可以現做，每一道平均約二十分鐘，如此就能輕鬆上菜。菜單的主角是香酥鴨，其他是配角，配角上場亦有先後順序之分，由冷而熱，冷盤最多，再來就是四份熱食，賓客在享用這四份熱食的同時，我開始進行香酥鴨的最後一道步驟——油炸，等到四道熱食吃得差不多，也就是宴客的最高潮了。

食譜使用說明

※本書食譜若未標明分量，皆以五至六人為主。

※食譜材料、調味料分量對照表：

1大匙：15毫升，或稱1Table Spoon (TBSP)
1小匙：5毫升，或稱1Tea Spoon (TSP)
1杯：240毫升
半杯：125毫升
1/3杯：80毫升
1/4杯：60毫升
1/8杯：30毫升
600公克：1斤

※食譜調味料的分量為參考建議，實際用量可依個人口味偏好調整。

※調味料中，建議分量若為「適量」，係指鹽、糖的實際用量可依個人口味偏好調整。

※若材料或調味料欄中的項目出現符號★，則為該食譜中影響口感及味覺的關鍵。

CONTENTS 目錄

作者序　廚房裡的經濟學—002

第一章 最簡單也最困難——廚房基本功

陳年滷汁&滷味—014
- 起一鍋自己的陳年老滷汁—016
- 挑一瓶好醬油—018

蒸魚及焗魚醬汁的作法—020
- 油炸後剩油如何處理？—022

第二章 有家的味道——好吃多滋味的家常菜

回鍋肉—024
- 雙醬定勝負——回鍋肉—025

炸醬麵—026

破布子蒸大豆干—028
- 阿嬤的古早味醬菜——破布子—030

白鯧米粉—032
- 臺灣米粉湯的南北味—033

同場加映　透抽米粉湯—034

同場加映　古早味炒米粉—035

涼拌百味小黃瓜—036
怪味黃瓜—038
四喜烤麩—040
苦瓜滷—042
・炸過才有型——烤麩&苦瓜滷—043
鹹蛋仁芹菜炒透抽—044
・異國料理中的臺灣味——鹹蛋—046
鹹蛋麵腸炒苦瓜—048
・臺灣與琉球的鹹蛋實驗料理—048
搶鍋麵—050
・簡單快速的家常美味——搶鍋麵—052
海鮮雜菜麵——簡化版—053
同場加映 海鮮雜菜麵——原版—054
・信手拈來的臺式海鮮雜菜麵—055

第三章 吃得營養、吃得健康——聰明吃魚

蒸魚—058
・七分鐘蒸一條魚的祕密—059
煀魚—060
・油糊封住的鮮美滋味—062
同場加映 古早味紅燒魚—063
砂鍋魚頭—064
・還原記憶中的砂鍋魚頭—066
韭黃炒鱔片—070
・營養美味的進補食材——鱔魚—072
同場加映 芹菜炒鱔魚絲—074
浙式黃魚羹—075
・鮮甜細緻的黃魚肉—076

同場加映 廣式黃魚羹—077
燻魚—078

第四章 吃不完的美味小吃

韭菜盒子—082
・從麵皮講究到內餡的韭菜盒子—084
紅糟草魚—086
・酒釀香，紅糟香—088
同場加映 紅糟五花肉—089
臭豆腐炒黃豆芽—090
・門當戶對的臭豆腐與黃豆芽—092
同場加映 黃豆芽番茄排骨湯—093

自製酸白菜—094
・酸白菜裡的實驗家精神—096
同場加映 韓國泡菜—099
粉蒸排骨—100
五花肉炒茭白筍—102
・相輔相成的美味——茭白筍&五花肉—102
蝦醬鮮貝燴角瓜—104
炒海瓜子—106
青豆蝦仁燴豆腐—108
潮州蚵仔煎—110
同場加映 潮州沾醬—110
・蚵仔配肉角的軟嫩嚼勁—112

第五章 暖呼呼的煲湯料理

紅燒羊腩—114
魚露牛腩煲—116
• 掌握港式煲菜的關鍵—117
烏參青花煲—118
咖哩螃蟹煲—120
草魚皮蛋豆腐湯—122
海帶芽皮蛋湯—124
• 皮蛋入湯的港式美味—126
牛肉燉清湯—128
• 一味當歸頭，燉出牛肉清湯撲鼻香—130
蔬菜羊肉鍋—132

第六章 中外料理大對決

番茄牛肉湯—136
• 番茄牛肉湯的美味條件—138
西班牙烘蛋—140
• 慢火出細活——自學西班牙烘蛋—142
義式墨魚麵—144
義式螃蟹麵—146
• 認識義大利麵條—148
同場加映 義式海鮮麵—150
同場加映 廣式蠔油炒麵—151
曼哈頓蛤蠣濃湯—152
波士頓蛤蠣濃湯—154
• 將馬鈴薯煮化的美式濃湯—156

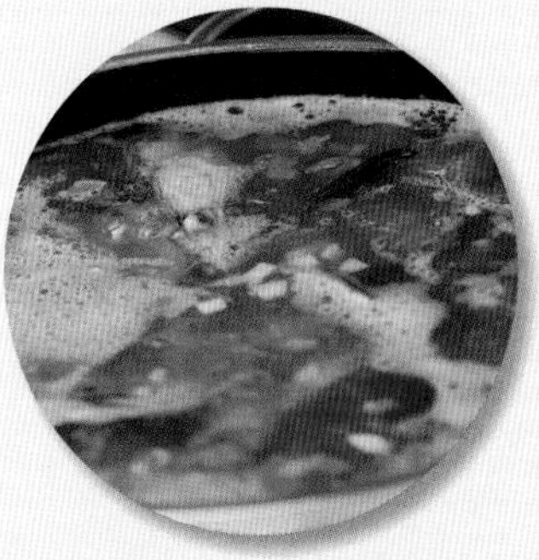

南瓜湯—158
南瓜排骨湯—161
泰式酸辣海鮮湯—162
・香料的排列組合潛規則——酸辣海鮮湯—164
同場加映 越式酸辣海鮮湯—166

第七章 功夫菜

香酥鴨—168
・消失中的功夫菜——香酥鴨—170
同場加映 樟茶鴨—174
同場加映 滷鴨—175
獨門茶葉蛋—176
・滷一鍋香濃茶葉蛋的祕密—178
獅子頭—180
・捧打出來的絕妙口感——獅子頭—182
北方薄餡餅—184
雪菜肉絲炒年糕—188
・炒出彈Q軟嫩的年糕—190
芥藍炒年糕—191
青蟹炒蛋—192
・先蒸，可保留螃蟹精華—192
醃篤鮮—194
・火候裡見真章——醃篤鮮的乳白色湯頭—196
同場加映 鮮雞火腿砂鍋—198

第一章

最簡單也最困難——廚房基本功

前一陣子，觀賞日劇《東京大飯店》，看到廚師研發新菜時，除了搜尋在地當令食材外，更花了不少工夫研究能突顯食材氣味及內涵的醬汁和香料，冀能對食材發揮畫龍點睛的效果。大廚們在發揮創意過程中，需要過去累積的經驗，在家料理當然無法像大廚一樣，但要做好料理，仍要掌握醬汁與食材關係。

臺式或中式料理醬汁一般以醬油為基底，廣義的醬油包括：黃豆醬油、黑豆油、魚露和蝦油等，它們有一共同點——都含有胺基態氮，含量愈高，品質愈好；甜麵醬、豆瓣醬、柱侯醬（港式料理常用）和米豆醬（臺式料理常用），其中又以醬油用的最多，我個人則喜歡黑豆油及魚露。

本章先介紹臺灣人最喜歡享用的各種滷味，其中滷汁決定滷味的氣味，其實，在家可起一鍋陳年老滷汁，利用它來滷製各種物件，保證做出來的充滿無法立刻複製的「時間味道」。其次，再介紹蒸魚及焗魚醬汁的作法，不僅可以用於料理鮮魚，亦可用於其他料理，就等你來發揮。至於其他醬汁作法及用法，則在以下各章陸續介紹說明。

陳年滷汁&滷味

滷味材料

- 牛腱……2塊
- 牛筋……2塊
- 牛肚……1個
- 豆干……600公克

滷汁材料

- 滷包……4小包
- 八角……1/8杯
- 花椒……1/8杯
- 生薑……5片
- 紅辣椒……2根
- 青蔥……2根
- 肉桂條……1支
- 當歸頭……1顆
- 糖……適量
- 醬油……2.5碗
- 米酒……半杯
- 水……2.5碗

作法

1. 取一滷鍋，將所有滷汁材料放入煮滾。可依個人喜好，酌量增減醬油與糖的分量以調整鹹度及甜度。
2. 牛腱、牛筋、牛肚及豆干洗淨，放入滷鍋以中火滷。滷的過程要定時檢視鍋內水位，水位過低時，加入適量的水或醬油。
3. 滷1小時後，取出豆干，3小時後，取出牛腱及牛肚；4小時後，取出牛筋，放涼切片即可食用。
4. 將滷汁以中火適度濃縮至300毫升。以濾網濾掉滷汁中殘餘的滷汁材料，將過濾後的滷汁倒入不鏽鋼容器內，涼後放入冰箱冷凍。
5. 每次使用滷汁前，酌量加入滷汁材料，如此滷汁就會隨時間增加變成陳年滷汁。

起一鍋自己的陳年老滷汁

很多人做滷味永遠是起一鍋新滷汁，做出來的滷味也永遠是新味道。常有朋友問：「為什麼我的滷味就是沒有你的滷味香？」很簡單，關鍵就在於滷汁不能每次換新，必須保留下來，讓它隨著時間累積精華！而這陳年滷汁所滷出來的食物，味道就是不一樣。

我在美國讀書時讀過一篇文章，提到「老滷汁」的神奇，於是我就憑文章所述自行想像，慢慢嘗試，終於做出屬於自己的老滷汁。由於老滷汁不能帶回臺灣，離開美國前拌麵把它吃掉了，回臺後又另做了一鍋滷汁，到現在已是三十年的滷汁。陳年滷汁不用時就放在冰箱冷凍室中，要滷牛腱、牛筋、豆干或鴨蛋時拿出來加熱即可，非常方便，一年就算只滷個一、二次，滷汁也不會出問題。

由於滷味很重顏色，需要選用色濃、味醇的醬油，最好避免使用太甜的醬油；接著再放入水、米酒和糖。然後放入牛腱、牛筋、牛腸、豆干和雞蛋等，以中火滷一至四小時後放涼，此已完成陳年滷汁製作的第一步。滷的過程中如果水分蒸發，可再添少許水或醬油。其次，滷的過程千萬不能用小火，用小火滷就和浸泡的方式沒兩樣，滷好的食物一切開容易散掉，即便牛腱亦是如此。此外，中火滷出來的鴨蛋會縮得很小，口感像鐵蛋，非常入味，和外面賣的滷蛋絕對不一樣。

我喜歡用鴨蛋，鴨蛋比雞蛋香，滷好的形狀也比較討喜。每逢過年我都會滷一鍋滷味，牛腱、牛肚、牛腸和牛筋是必備的，這四種食材的味道會互相支援、融合。其中牛腸是較少見的食材，一副牛腸很長，通常會套成一圈一圈的水管狀出售，但得向牛肉鋪預訂才有。

滷汁每次使用完畢，過濾滷汁，接著就可以裝入容器冷凍了。下次要用時，拿出滷汁解凍，再加些八角、花椒、丁香、當歸頭保持滷汁特有的香氣，而新鮮薑片、青蔥及辣椒則是讓滷汁味道保持鮮活的關鍵，滷汁不夠可加醬油及米酒，至於滷包無須每次放，每滷四次，再加入新滷包即可。

滷汁使用次數愈多愈好，每個家庭都可以有一鍋屬於自己的老滷汁，這鍋滷汁融合了多種食材精華，味道歷久而彌新。

廚房筆記

1. 滷包可以至中藥行或南北貨行購買。
2. 製作陳年滷汁的關鍵除了滷汁材料外，還須偶爾將滷汁拿出滷東西（如牛腱、牛筋、牛肚、牛腸），如此滷汁才會愈來愈有味道。
3. 想要保持陳年滷汁的味道，除了每次使用前先加入適量的滷汁材料，若要讓滷汁味道鮮活而不至於太濃濁，辣椒、青蔥與薑更不能少。
4. 滷味建議時間
   豆干：1至1.5小時
   滷蛋：1小時
   牛筋：4小時
   牛腱：3小時

挑一瓶好醬油

可能是受日本的影響，目前市面上有愈來愈多的調味醬油，除了加入砂糖讓醬油帶點甜味外，還會加入其他材料，如香菇、柴魚、紅麴或柚香等，但我覺得烹調用醬油味道愈簡單愈好，這樣才能完整呈現料理的原味。

過去，我用「鬼女神」醬油，以前這家醬油工廠的產品大多賣給小吃店或路邊攤，一般民眾很少知道。有一回到涼州街「阿華鯊魚煙」吃鯊魚煙，好的鯊魚煙本身並無太多味道，必須倚賴好的沾醬點出味道，「阿華鯊魚煙」沾醬類似五味醬，最重要的是，我發覺他們用的醬油就是有本事將這些味道串在一起，表現得簡單而有層次感。當下，我請教老闆哪裡可以買到他用的醬油，拿到地址後，每次上門總要買個半打。後來，「鬼女神」醬油經媒體報導後聲名大噪，現在甚至連超市都有販售。

鬼女神為日本避邪之神，「鬼女神」醬油源自於日治時代，由日本食品專家水野博士所研發，至一九四七年才正式命名為「鬼女神味原液」。「味原液」是鬼女神的招牌醬油，一般稱為淡色醬油。

前一版食譜出版前，曾辦桌請了一些朋友，友人何麗玲亦在應邀之列。當時，她帶兩瓶彰化社頭新和春工廠出品的壺底油要我試試看，覺得味道不錯。後來，為了寫「坐高鐵買醬油」的文章，就坐到高鐵臺中烏日站，轉臺鐵的電聯車到社頭，一出車站，才發現忘了帶新和春的地址，仔細一想，早期公路運輸不

發達，為了方便原料運送，醬油工廠應設在火車站附近，結果走不到一百五十公尺，往左看就發現巷底有新和春招牌，順著巷子進去便找到工廠。

工廠不大，釀的是黑豆油。老闆當時很擔心黑豆的價格及供應來源不穩定會影響工廠的經營，由於以前進口黑豆價格便宜，多數工廠改用進口貨，導致國產黑豆不敵進口貨，於是放棄種植。現在由於中國需求量大，黑豆國際價格一直上漲且有錢不一定買得到，又沒有太多的國產品可供替代。幸好國內已有農民開始種植，這表示單看價格，當然國外進口划得來，但考量到糧食自給，政府還是要提供農民適當的誘因機制鼓勵種植各種作物。

後來，知道恆春有人在復育與黑豆類似的青皮仔豆，於是就向老闆提議由我提供青皮仔豆原料請他們代製。老闆同意後，我就請人買了青皮豆，釀了一缸黑豆油，風味和黑豆做的稍有不同，香氣足、較甜。醬油瓶上需要標籤，我就將收藏臺灣女畫家王春香的畫作做為每一批黑豆油標籤，每兩年委製一次。將黑豆油分贈親友，以推廣健康食品。社頭有名的餐廳福井食堂亦請他們代製，因為個別偏好口味不同，所以同是新和春代製，口味還是有所區別。

蒸魚及㷇魚醬汁的作法

無論蒸魚或㷇魚都須先準備醬汁，不同的醬汁會左右著魚的風味，現在介紹幾種醬汁作法。

廣式蒸魚醬汁

材料

- 豬骨高湯……1/4杯
- 淡色醬油……2大匙
- 白胡椒粉……1/2小匙
- 麻油……1小匙

作法

- 高湯煮滾後，加淡色醬油、白胡椒粉及麻油即成。

潮州蒸魚醬汁

材料

- 紅辣椒……1根
- 蒜頭……2瓣
- 魚露……2大匙
- 醋……2大匙
- 糖……適量

作法

1. 紅辣椒洗淨切細花。
2. 混和魚露、醋、糖及紅辣椒細花攪拌均勻。
3. 蒜頭去膜，用蒜頭擠汁器榨出蒜泥後，倒入醬汁內即成。

豆豉醬汁

材料

- 豬骨高湯……1/4杯
- 生薑……1/2根
- 紅辣椒、青蔥……各2根
- 乾豆豉……2大匙
- 麻油、醋……各1小匙
- 淡色醬油、米酒……各1大匙

作法

1. 生薑洗淨切末；紅辣椒、青蔥洗淨切細花。
2. 高湯煮滾，放入薑末、紅辣椒細花、豆豉、麻油、淡色醬油、醋及米酒煮出香味。
3. 最後撒上蔥花拌勻即成。

破布子醬汁

材料

- 紅辣椒……1根
- 蒜頭……2瓣
- 豬骨高湯……1/3杯
- 淡色醬油……1大匙
- 麻油……1小匙
- 破布子……1/3杯（含湯汁）

作法

1. 紅辣椒洗淨切細花；蒜頭去膜切末。
2. 高湯煮滾後，加淡色醬油、麻油、破布子（含湯汁）、紅辣椒細花及蒜末續煮5分鐘即成。

泰式醬汁

材料

- 朝天椒或紅辣椒……2至4根
- 蒜頭……6瓣
- 新鮮檸檬汁……1/4杯
- 魚露……1大匙
- 糖……適量

作法

1. 朝天椒洗淨切細花；蒜頭去膜，利用蒜頭擠汁器榨出蒜泥。
2. 將魚露、蒜泥、朝天椒細花放入新鮮檸檬汁拌勻，再加入適量的糖即成。

油炸後剩油如何處理？

本書有不少料理中食材需要油炸處理，不少讀者會問：油炸後的剩油如何處理？丟棄不用嗎？若要繼續使用，如何儲存？

在家油炸，很少會連續使用炸油，至多一次油炸二、三種食材。由於是以中火油炸，炸完後的食用油，不至於太混濁，還可以食用。我儲存的方式是準備一個不鏽鋼容器儲存炸油，再用不銹鋼濾網過濾炸油（日本的百貨公司或臺灣廚房用品專門店有賣專用的儲存炸油的容器，好處在於除了有蓋子外，還有濾網，可以將炸過的油的雜渣過濾掉）。過濾過的炸油可用於炒菜或添加在料理中，但不宜放置過久，以免變質。

第二章

有家的味道——好吃多滋味的家常菜

在臺灣，臺式、中式或異國料理餐廳滿街都是，選擇很多。除了上一些我不會做的料理（如日本料理、法式料理）餐館外，我盡可能不在外用餐，退休後更是如此。

原因很簡單：廚房是最棒的家庭交誼廳。大多數臺灣家庭的成員都是從早忙到晚，能聚在一起共同參與的活動不多，時間亦有限。大家共同準備一道晚餐，一起享受所完成的料理，其實是一件很棒的事，但不少家庭覺得準備晚餐耗時費工，廚房又小如何共同完成？結果為了省事省時，大多選擇上餐廳或買便當回家吃，如此就少了準備晚餐過程中互動的機會。

在家準備晚餐，不可能所有菜餚均要現做，需講求搭配。本章介紹的有些菜可以事先多做一些，再分餐食用，有些菜則講究省時快速。最後，再介紹幾個可以短時間完成的麵點，讓繁忙家庭或個人可以省點時間與氣力準備晚餐。

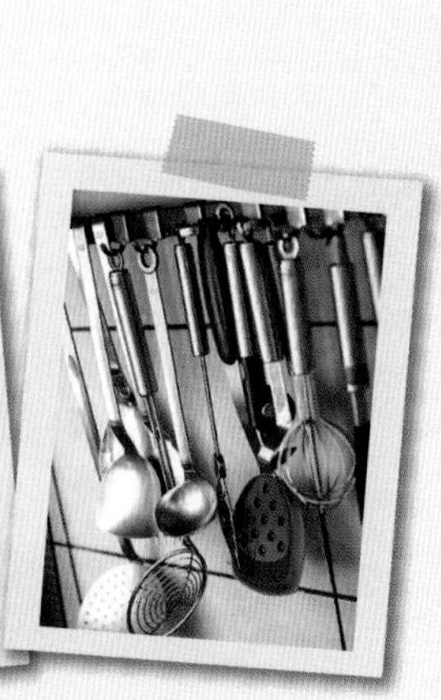

回鍋肉

材料

- 黑毛豬五花肉……200公克
- 紅椒……1顆
- 黃椒……1顆
- 高麗菜……150公克或1/4顆
- 黑色大豆干……2個
- 青蒜……2根

調味料

- 甜麵醬……2大匙★
- 辣豆瓣醬……1/2大匙★
- 糖……適量

★食譜中影響口感及味覺的關鍵。

作法

1. 所有食材洗淨。五花肉放入滾水以中大火煮40至50分鐘，取出放冷，逆紋切薄片。
2. 紅椒、黃椒去除內囊，切成與五花肉片大小相當的小塊；高麗菜切絲；青蒜切斜段；黑色大豆干切片。
3. 將調味料與60毫升的水調成醬汁備用。
4. 起油鍋，放入高麗菜快速翻炒變軟，接著加入紅椒、黃椒、黑色大豆干，一起翻炒至紅、黃椒變軟。
5. 將五花肉片放入鍋中繼續翻炒，再將〈作法3〉醬汁加入鍋中，轉小火翻炒至均勻上色，最後放入青蒜段即可。

廚房筆記

1. 若不放高麗菜及黑色大豆干片，紅、黃椒可各增加一顆。
2. 烹煮五花肉的水可做為高湯，再加入其他食材又是一鍋鮮美的湯。

雙醬定勝負——回鍋肉

回鍋肉這道菜是很普遍的家常菜，材料容易取得，作法也不難。但可能是追求健康的緣故，許多餐廳都不用三層肉而改用胛心肉或腿肉，少了三層肉的油脂，整體口感大打折扣。所以，回鍋肉要好吃，就必須使用三層肉，而非瘦肉。

其次，回鍋肉要炒得好吃，調味醬非常重要，甜麵醬與辣豆瓣醬的比例可隨個人喜好調整，但品質卻馬虎不得。好的甜麵醬及辣豆瓣醬會讓回鍋肉的各種材料產生一加一大於二的綜效；若選錯，整盤回鍋肉可能很難引起食欲。現在的人不太會用這類醬來燒菜，對醬所知大概只有辣椒醬，超市若還看得到，只是擺在不很起眼的地方。甜麵醬顧名思義是由麵粉加水揉成團、發酵製成的；至於豆瓣醬則由黃豆製成。在臺灣，還有米豆醬，由米、黃豆製成，顏色呈暗黃色，可用於炒青菜或海鮮的醬汁，但米豆醬要先用果汁機打碎才好用。

另外，回鍋肉裡的高麗菜常常會出水而稀釋了醬汁的味道，可以將高麗菜先在滾水中過水撈出，再與其他食材一起炒，就可避免出水影響醬汁味道的問題。

炸醬麵

材料

- 胛心肉或豬絞肉……200公克
- 豆干……300公克
- 紅蘿蔔……200公克
- 小黃瓜……1條
- 冷凍青豆仁或冷凍毛豆仁……50公克
- 乾麵條……3至4人份

調味料

- 甜麵醬……4大匙
- 豆瓣醬……2大匙

作法

1. 所有食材洗淨。胛心肉切丁（絞肉略去此步驟）；豆干切丁（大小與肉丁同）；紅蘿蔔削皮切丁（大小與肉丁同）；小黃瓜刨長絲。
2. 炒鍋加熱至起煙，放油5大匙，待油燒熱後，將胛心肉丁放入翻炒至熟後起鍋。
3. 接著將甜麵醬及豆瓣醬放入鍋中，以小火炒香，再放入豆干丁、紅蘿蔔丁翻炒至紅蘿蔔丁變軟，再放入200毫升的水，以小火將豆干丁及紅蘿蔔丁煮到上色，再放入肉丁續30分鐘，過程中不時翻動，使食材均勻入味。
4. 另備一湯鍋盛水加熱，水滾放入麵條煮熟，撈起裝盛於碗中。剩餘熱水用來氽燙青豆仁（毛豆仁），熟後撈起。
5. 取適量炸醬淋在麵條上，放上小黃瓜絲及青豆仁（毛豆仁）即可食用。

廚房筆記

1. 青豆仁也可用玉米粒代替，會有特別的鮮甜及清爽滋味。
2. 甜麵醬與豆瓣醬比例可依個人偏好調整。

破布子蒸大豆干

材料

- 破布子……1/3杯（含湯汁）★
- 新莊大豆干……4塊
- 青蔥……2根
- 紅辣椒……1根

調味料

- 黑豆油或淡色醬油……2大匙
- 麻油……適量

作法

1. 所有食材洗淨。新莊大豆干用手剝成小塊；青蔥切蔥花；紅辣椒切段。
2. 豆干裝盤，加上破布子（含湯汁）及2大匙黑豆油後，再撒上紅辣椒段。
3. 整盤食材隔水蒸30分鐘，每10分鐘翻動大豆干使其均勻入味。
4. 起鍋前，撒上蔥花，淋上少許麻油即可上桌。

廚房筆記

新莊大豆干即黃色大豆干，如能取得未染色的白色大豆干更佳。

阿嬤的古早味醬菜——破布子

許多人聽到破布子，就會說那是阿嬤吃的古早食品。長在樹上的破布子在中南部產量豐富，南部阿嬤都會將破布子採收下來醃製成醬菜，早餐就拿一碟破布子佐稀飯。破布子內含有益健康的乳酸菌，銘傳大學生物科技系經過五年研究，發現「破布子」中的新菌種，並命名為「Pobuzihi」，研究成果還刊登在國際微生物期刊。主持研究的陳奕伸教授甚至在研究中說明破布子是臺灣美食，就是希望讓外國人好奇，想親嘗這款美食。

我是在南部初次接觸到破布子。原來，南部不少海產店，蒸魚不用醬鳳梨，亦不用豆豉，而是用破布子，當時覺得破布子的味道不會搶蒸魚的風采，反倒能突顯蒸魚風味。有一次到臺南市左鎮農會，看到有罐裝粒狀的破布子出售，就買了幾罐回家做蒸魚的醬汁。雖然，市售粒狀的破布子乳酸菌含量不如傳統市場販售塊狀破布子來得多，但使用起來較方便。

有次，南投縣魚池鄉澀水社區「清平樂」民宿的女主人知道我喜歡破布子，就拿些她醃製的粒狀破布子讓我帶回去，她的破布子沒有經過完全殺菌的步驟，所以整罐破布子會有乳酸菌，味道帶酸，入菜效果不錯。後來，又有機會在臺南左鎮農會餐廳用餐，其中一道菜是破布子煎

蛋，破布子的湯汁與蛋很搭，不會像醬油常喧賓奪主，不僅破壞味道，而且壞了顏色。唯一的缺憾是一口炒蛋中可能內含十餘粒破布子的果核，必須一粒一粒慢慢吐出。

破布子蒸新莊大豆干這道菜以前是在臺北市士林「一元海鮮」吃到的，這家海產店專做臺式料理，在天母、士林一帶小有名氣，老闆很有研發精神，經常創作新菜。有一次請學生吃飯，那天剛好大家的酒興不錯，吃到晚上十一點還欲罷不能，就請老闆再上兩、三道下酒菜。過了二十餘分鐘，老闆端出還在研發階段的破布子蒸新莊大豆干要我嘗嘗。粗看之下，整盤只有破布子與撕裂的黃色大豆干，毫不起眼，但一入口，由於大豆干已充分吸收破布子的湯汁，香氣滿口。後來，只要我到「一元海鮮」用餐就必點這道菜，現將這道菜的作法與讀者分享。

白鯧米粉

材料（2人份）

- 新鮮白鯧魚……200公克★
- 韭菜花……50公克
- 細米粉……300公克或2人份
- 油蔥……1大匙

調味料

- 鰹魚粉……1/2大匙
- 鹽……適量

作法

1. 白鯧魚洗淨、切片；韭菜花洗淨，切段備用。

2. 米粉用水略微沖洗，瀝乾備用。

3. 鍋中加水1200毫升及鰹魚粉1大匙煮開。

4. 將米粉放入煮開的湯中，待煮軟可食時，再放入鯧魚片及油蔥。

5. 魚肉熟後，加鹽調味，放入韭菜花段，關火，即可裝盛上桌。

廚房筆記

1. 若鯧魚體型較大，只要半尾即可；如果覺得鯧魚不夠新鮮，可以先煎過再入湯煮。
2. 韭菜花亦可用韭菜取代。

臺灣米粉湯的南北味

北部的米粉湯大多以肉類或豬內臟入菜搭配，並以熬煮骨頭、肉類或內臟做湯底；南部則多與魚類同煮，強調的是新鮮，如旗魚米粉、虱目魚米粉，而且南部米粉湯一定得放韭菜花，因為韭菜花味道夠，且適合久煮；油蔥酥則是南北皆不可少的配角（芹菜亦是）。

我記得高雄有幾家餐廳的白鯧米粉很有名，如果當天他們買來的鯧魚不夠新鮮，就不賣鯧魚米粉，所以煮白鯧米粉的難並不在於烹調技巧，而在於新鮮白鯧難求。我在臺北買白鯧二十幾年來，很少聽到魚販會說他們的白鯧魚新鮮到可以用來做白鯧米粉，到目前只遇過一次。

如果擔心鯧魚不夠新鮮，可以將鯧魚先煎過再煮，彰化王功有一家賣白鯧米粉的餐廳，他們的鯧魚就是先切片、兩面以油乾煎，再與米粉同煮。如果怕白鯧米粉有腥味，加些蛤蠣或蚵仔就能解決了。

澎湖八月是透抽盛產季，這時煮透抽米粉最適宜了。其作法和鯧魚米粉相同，只是把鯧魚替換成透抽而已，如果再加入蛤蠣，味道就更鮮了。

煮白鯧米粉或透抽米粉應使用細米粉，一來細米粉好煮，二來由於湯頭味道較清淡，細米粉縱使吸了湯汁，吃起來也不會覺得味道過重。

同場加映

透抽米粉湯

材料（2人份）

- 新鮮透抽……200公克
- 韭菜花……100公克
- 細米粉……200公克或2人份

調味料

- 鰹魚粉……1/2大匙
- 鹽……適量

作法

1. 透抽洗淨切段，韭菜花洗淨切段。
2. 米粉用水略微沖洗，瀝乾備用。
3. 鍋中加水1200毫升煮開，將米粉放入，待煮軟可食時，放入透抽煮至變色，最後加鰹魚粉、鹽調味，放入韭菜花段，關火即可食用。

廚房筆記

1. 若買不到透抽，亦可用軟絲取代。
2. 韭菜花可用韭菜取代。

同場加映

古早味炒米粉

材料

- 胛心肉……200公克
- 洋蔥……1顆
- 高麗菜或南瓜……1/4顆
- 豆芽菜……300公克
- 韭黃……100公克
- 胡蘿蔔……100公克
- 青蔥……2根
- 細米粉……600公克

調味料

- 黑豆油……1大匙
- 魚露……適量
- 麻油……1小匙

作法

1. 洋蔥、胡蘿蔔去皮洗淨切絲，高麗菜洗淨切絲（或將南瓜去皮切塊），韭黃、青蔥洗淨切段，豆芽菜洗淨，胛心肉切絲。
2. 若使用南瓜做材料，將南瓜蒸到軟爛。
3. 水倒入鍋中加熱，再加麻油及黑豆油1大匙，水煮滾後，關火放入米粉，浸泡1分鐘撈起瀝乾。
4. 取一炒鍋倒油加熱，等油起煙，轉中火，先放胛心肉炒熟盛起，再放入洋蔥絲炒香，接著放入高麗菜（或蒸熟的南瓜）、胡蘿蔔絲及豆芽菜翻炒。最後加黑豆油2大匙、魚露再翻炒。
5. 放入已泡過的米粉，轉小火用筷子攪拌，直至前述配料和米粉均勻拌勻，最後加入韭黃、青蔥段。

廚房筆記

1. 古早味炒米粉關鍵在於先用含有黑豆油、麻油的水浸泡米粉一分鐘。
2. 不放胛心肉，可改放蝦仁或不放亦可；配料可隨個人喜好做加減。

涼拌百味小黃瓜

材料

- 小黃瓜……600公克
- 綠豆粉皮……2張
- 生薑……1根
- 紅辣椒……1根
- 蒜頭……6瓣
- 鹽……適量

調味料

- 黑豆油……3大匙
- 糖……1大匙
- 醋……2大匙★
- 麻油……1大匙
- 魚露……1小匙
- 鰹魚粉……適量

作法

1. 小黃瓜洗淨，去頭尾切5公分段，每段再對切成6片，將小黃瓜置於容器中，撒鹽捏勻後靜置5分鐘，再用手將小黃瓜擠出水分。

2. 生薑洗淨切細絲；紅辣椒切段；蒜頭去膜，用蒜頭擠汁器擠成蒜泥；綠豆粉皮剝成碎片備用。

3. 將小黃瓜、綠豆粉皮、薑絲、紅辣椒段，與黑豆油、糖、醋、麻油、魚露、鰹魚粉拌勻，最後將蒜泥擠在小黃瓜上攪拌均勻，放入冰箱冷藏5小時後即可食用。

廚房筆記

1. 蒜頭擠汁器(Garlic Crusher)市售品牌很多，所有喜歡做菜的人或廚師幾乎都會推薦瑞士Zyliss名為Susi的產品。

2. 涼拌小黃瓜最重要的關鍵調味料便是醋，選擇品質較好的醋，再用適當的糖及辛香料平衡酸味，讓醋味嘗起來不會死酸，也可以突顯整道菜的味道，好的醋亦可刺激胃口，令人食欲大增。我常用的醋有恆泰豐江浙醋或高記五印醋。

怪味黃瓜

材料

- 小黃瓜……6至8條
- 花椒……2大匙
- 青蔥……2根
- 蒜頭……4至6瓣，視蒜瓣大小而定
- 生薑……半根
- 辣椒……2根

調味料

- 油……3大匙
- 黑豆油……2大匙
- 糖……2小匙
- 麻油……適量
- 醋……2大匙
- 白胡椒粉……1小匙

作法

1. 小黃瓜洗淨，去頭尾，再切5公分段，以滾水汆燙2分鐘後取出，用冷水沖涼，瀝乾備用。
2. 花椒稍加研磨以釋放出香氣。
3. 青蔥洗淨，切成蔥花；蒜頭、生薑切末；辣椒切細花。
4. 將油3大匙燒熱後，關火，依序放入花椒碎粒、辣椒細花、生薑末、蔥花、蒜末、黑豆油、糖、麻油、醋及白胡椒粉，拌勻後即為怪味醬汁。
5. 小黃瓜段盛盤，淋上怪味醬汁即可上桌。

廚房筆記

怪味黃瓜是一道四川料理，除此之外，怪味汁還可以做另一道菜——怪味雞。用雞肉或雞腿取代小黃瓜，先將雞肉與蔥段、薑片、米酒一起蒸熟，取出放涼，接著切塊排盤，而怪味汁的材料、作法則與怪味黃瓜同，上桌前淋上怪味汁即可。

四喜烤麩

材料

- 生烤麩……20顆
- 香菇……6朵
- 鮮筍……1至3顆，視大小而定
- 木耳……2朵

調味料

- 麻油……1大匙
- 味醂……1/4杯★
- 黑豆油……1/3杯★
- 鰹魚粉……適量

作法

1. 所有食材洗淨。生烤麩對切成適口大小；香菇用水泡開，每朵切成4塊，香菇水保留；鮮筍切滾刀塊；木耳切片備用。
2. 備一油鍋，待油加熱至冒煙，轉中火將切好的生烤麩炸至金黃色後，撈起放涼備用。
3. 取一砂鍋或滷鍋，加麻油熱鍋，再放筍塊以小火翻炒，炒出香味後，放香菇塊、木耳片繼續翻炒約5分鐘，接著放入炸過的烤麩、味醂、黑豆油、鰹魚粉及香菇水繼續加熱。
4. 煮開後，轉小火續煮40分鐘，過程中應不時攪拌烤麩及其他食材使其均勻入味，關火，待涼即可食用。

廚房筆記

1. 購買生烤麩時，應注意表皮摸起來是否會滑滑的，若是，通常是不新鮮的烤麩，應避免購買。目前販售新鮮生烤麩的店家愈來愈少，東門外市場一家豆類製品攤有賣生烤麩，最好先預訂，免得白跑。最近，古亭國小旁的龍泉市場內，有家素食材料店，每天現炸烤麩，非常新鮮，用油也乾淨。退休後，搬到宜蘭，不易取得烤麩，每次去師大路「天曉得」餐廳用餐，都會順便買個兩斤放冷凍，以備不時之需。

2. 醬汁不夠甜可以依個人偏好酌加味醂。

3. 烤麩是上海菜，炸好後雖然有香味，但嘗起來還是沒有任何味道，故需以鮮筍及香菇提味。這道烤麩是江浙菜館常見的小菜，冷食較宜，所以一次可以做多一點放在冰箱，食用時盛盤上桌即可。

苦瓜滷

材料

- 綠苦瓜或山苦瓜……600克左右

調味料

- 味醂……1/4杯★
- 黑豆油……1/3杯★
- 鰹魚粉……適量
- 麻油……適量

作法

1. 苦瓜洗淨剖半，去除內囊後切塊（不可太小）。
2. 備一油鍋，待油加熱至冒煙後，改中火將苦瓜塊炸軟，撈起放涼。
3. 取另一鍋，加1/3杯水、鰹魚粉、味醂及黑豆油煮滾做成滷汁。
4. 滷汁煮開後，放入炸好的苦瓜以小火燜煮20分鐘，關火，起鍋放涼，淋上少許麻油即可食用。

炸過才有型——烤麩&苦瓜滷

這兩道菜最重要的調味料為黑豆油及味醂，味醂有點像我們的酒釀汁，可取代醋、酒及糖，是日本料理滷煮時常用的調味料。這裡不用淡色醬油而用黑豆油，係取黑豆油顏色較濃，食材較易上色，而且黑豆油的味道較為豐富，可增添食材口味。

滷苦瓜時亦可放一些破布子增添古早味，或加入蔥段和辣椒，不過滷好苦瓜或烤麩後，蔥段與辣椒要記得撈出。由於苦瓜滷後會有特別的甘苦味，放入薑片會破壞這個特有的甘苦味，且苦瓜和烤麩沒有任何腥味，故無須放薑。記得臺北市有家知名的川揚菜館，它的苦瓜滷就放了薑片，讓這道小菜味道起了衝突，變得不好入口。此外，筍的鮮味亦不宜加薑去干擾破壞。

這兩道菜的主食材苦瓜和烤麩都須先炸過，尤其是烤麩，若沒有經過炸這道手續，除非火候控制良好，否則很容易煮爛。新鮮的生烤麩沒有味道，且表皮不會黏黏的，一般店家所販售炸好的烤麩通常都不是現炸的，而是將前日未售完的烤麩炸過保鮮，若講求新鮮，最好是買新鮮烤麩自己炸。

鹹蛋仁芹菜炒透抽

材料

- 透抽或軟絲……300公克
- 芹菜或綠蘆筍……150公克
- 鹹蛋仁……3顆
- 辣椒……1根
- 蒜頭……6瓣

調味料

- 魚露……1小匙
- 鰹魚粉……適量

作法

1. 透抽洗淨，剝去外膜，將透抽切開，並於內側切出十字淺紋（炒起來才會捲成圓筒狀），再切成長方塊備用。
2. 鹹蛋剖半，挖出鹹蛋仁；芹菜洗淨切段；辣椒切段；蒜頭去膜切丁。
3. 起油鍋，加熱冒煙後放油80毫升燒熱，爆香蒜末及辣椒段，再將透抽下鍋爆炒至熟後撈起。
4. 轉小火，放入鹹蛋仁以鍋鏟弄碎成金沙狀，接著轉大火，加入芹菜段翻炒，並加入魚露及鰹魚粉調味。
5. 放入透抽翻炒均勻，即可裝盛上桌。

異國料理中的臺灣味——鹹蛋

鹹蛋是臺灣常用的食材，臺式早餐都會供應鹹蛋配粥，而做點心時亦常使用鹹蛋仁。泰北人也喜歡吃鹹蛋，而且專挑鹹蛋仁吃，近幾年有機會赴泰國清邁講學，期間每晚都會由清邁大學經濟學院教授或祕書陪同用餐。起初，他們大概怕我不習慣太酸或太辣的食物，可能也覺得外國人不習慣在當地傳統餐廳或路邊攤享用在地泰式美食，就只帶我到觀光客或上層階級泰國人去的高級餐廳。

這些餐廳料理當然比臺灣的泰式料理更道地，味道更棒，但我總想親嘗較為平民的料理，體會當地的飲食文化。吃了幾天高級餐廳後，就向陪同教授說，能不能帶我去最有在地特色的餐廳，他一聽大樂，隔晚就開始帶我到各式各樣的路邊攤或小餐廳用餐，讓我深刻體會——料理不一定要用多昂貴的食材，只要善於利用在地當令食材就能做出令人難忘的美味；而且烹調方法也不必講究高深技術，簡單亦可美味。

「鹹蛋仁炒透抽」就是我在清邁一間很有名的路邊攤發現的，而且從未在其他泰國正式餐廳看過這道菜。這道料理用了很多鹹蛋仁，顏色呈現出非常漂亮的金黃色，就像一層金沙覆蓋在透抽之上。但我只能看到上菜後的成品，到底怎麼做呢？回臺後開始試作，嘗試在鍋中放油加熱，利用小火將鹹蛋仁炒融了，再放入透抽續炒，讓呈現金沙狀的鹹蛋仁均勻附著在透抽上面，起鍋前撒上少許芹菜，就與清邁所見的料理類似。於是我以臺灣常見的透抽炒芹菜為本，依泰式作法稍微改良。

鹹蛋麵腸炒苦瓜

材料

- 綠苦瓜或山苦瓜……400公克
- 麵腸……200公克
- 鹹蛋……3顆

調味料

- 鹽……適量
- 鰹魚粉……適量

作法

1. 麵腸洗淨，用手剝成小塊；鹹蛋剖半，挖出鹹蛋仁及蛋白並將之弄碎。
2. 綠苦瓜洗淨，對半切開，清除內囊，放入滾水煮3分鐘後起鍋，用冷水沖涼，再逆紋切成薄片。
3. 起油鍋，待油燒熱後，轉小火將鹹蛋塊放入鍋中拌炒至鹹蛋仁完全化成金沙狀，接著將麵腸及苦瓜放入翻炒，待苦瓜熟後，加鹽及鰹魚粉調味，即可裝盛上桌。

臺灣與琉球的鹹蛋實驗料理

其實這道菜與琉球的一道家常菜——「苦瓜什錦炒」有異曲同工之妙，作法也大同小異，只不過琉球的作法是以雞蛋取代鹹蛋，並加入豆腐與五花肉一起拌炒。

有次在琉球旅遊時，無意間在一間小餐廳吃到麵腸炒苦瓜，這比一般在琉球常見的苦瓜什錦炒更為特別、好吃，因而成了鹹蛋麵腸炒苦瓜的靈感來源。

麵腸為臺灣古早食材，由於不易入味，所以傳統作法裡常會與醬油、糖一同燜煮，是素食者常吃的料理。而我將麵腸與鹹蛋一起拌炒，鹹蛋仁亦會均勻裹在麵腸上，如此麵腸就不再單調無味，亦可調和鹹蛋白的鹹味，值得大家嘗試。

搶鍋麵

材料（2人份）

- 胛心肉或三層肉……100公克
- 尖型高麗菜……1/4顆
- 番茄……2顆
- 青蔥……2根（選用）
- 雞蛋……3顆
- 乾麵條……200公克或2人份

調味料

- 豬骨高湯……1/3杯
- 鰹魚粉……適量
- 魚露……1大匙（淡色醬油亦可）

作法

1. 高麗菜洗淨，切或撕成小片；青蔥洗淨切段。
2. 胛心肉洗淨切絲；番茄洗淨，用滾水淋燙表皮，去皮切塊。
3. 起油鍋，胛心肉絲爆炒後起鍋。
4. 雞蛋打散成均勻蛋汁，倒入原鍋翻炒至結塊後起鍋。
5. 此時若鍋中餘油不夠，可酌量加油，將高麗菜片炒軟，再放入番茄塊、蛋塊、豬骨高湯及水1500毫升加熱煮滾，接著加鰹魚粉及魚露調味。
6. 另取一鍋加水煮滾，放入麵條煮軟（半熟）後撈出，用冷水沖涼。
7. 湯汁煮滾後，加入胛心肉絲、蔥段，並將半熟冷麵條倒入，麵條煮熟即可起鍋。

簡單快速的家常美味——搶鍋麵

搶鍋麵所用的材料很簡單，除了麵條之外，只需肉絲、蛋、番茄及高麗菜便可完成。由於魚露與番茄是好搭檔，煮搶鍋麵千萬不要忘了魚露。若不放魚露，切記只能放淡色醬油，否則味道會過於複雜。

煮搶鍋麵時如果使用日晒過的乾麵條，如關廟麵，可直接入鍋與湯頭同煮；若使用新鮮麵條，因為新鮮麵條殘留的麵粉較多，建議先另備鍋煮麵條，水滾後放入麵條，待麵條煮軟半熟，取出沖冷水後，再同湯汁一起煮，否則湯頭會變得渾濁黏稠。

若吃膩了麵條，不妨試試改用寧波年糕片，在〈作法7〉中，直接放入年糕片，味道一樣好。這道湯麵真的很簡單，很適合累了一天，想快速料理出一餐的人嘗試。

海鮮雜菜麵——簡化版

材料（2人份）

- 胛心肉……100公克
- 沙蝦或劍蝦……8隻
- 透抽或軟絲……半隻
- 小魚丸或花枝丸……4顆
- 芥菜……200公克
- 乾麵條或油麵……200公克

調味料

- 鰹魚粉……1小匙
- 魚露……適量

作法

1. 所有食材洗淨。胛心肉切絲；沙蝦剪鬚、去沙腸；透抽切片。
2. 芥菜橫切細段備用。
3. 起油鍋，胛心肉絲快速翻炒後起鍋，加水1500毫升煮滾。
4. 另取一鍋加水煮滾，放入麵條煮至半熟後撈出，用冷水沖涼備用。
5. 麵湯煮滾後，放入芥菜、魚丸、胛心肉絲及半熟冷麵條，煮至麵條可食，再放入蝦子及透抽煮熟，起鍋前加鰹魚粉、魚露調味即可。

同場加映

海鮮雜菜麵——原版

材料（2人份）

- 胛心肉……80公克
- 豬肝……40克
- 沙蝦或劍蝦……4隻
- 透抽或軟絲……半隻
- 蚵仔……6顆
- 小魚丸……4顆
- 發好的魚皮……40公克
- 鵪鶉蛋……2顆
- 發好的蹄筋……2條
- 豆芽菜……120公克
- 韭菜……40公克
- 乾麵條或油麵……200公克

調味料

- 鹽……適量
- 鰹魚粉……1小匙

作法

1. 所有食材洗淨。胛心肉切絲；豬肝切片；沙蝦剪鬚；透抽切片備用。
2. 起油鍋，將胛心肉絲及豬肝片放入快速炒熟後取出，接著在鍋內放入1500毫升水繼續煮滾。
3. 水煮滾後，加入小魚丸、魚皮、鵪鶉蛋及蹄筋，再用鹽及鰹魚粉調味，水滾後再煮5分鐘。
4. 另取一鍋加水煮滾，放入麵條煮至半熟後撈出，用冷水沖涼備用。若使用油麵可省略此步驟。
5. 將已炒好的胛心肉絲及豬肝片、沙蝦、蚵仔、透抽連同半熟麵條放入湯汁中，麵熟後加入豆芽菜及韭菜，即可起鍋。

信手拈來的臺式海鮮雜菜麵

臺式海鮮雜菜麵最大的特色，在於可加入的食材種類很多，例如豬肝、鵪鶉蛋、蛤蠣、鯊魚皮、豬肉絲、蝦、蚵仔、魷魚、透抽等。這種麵看起來雖然難登大雅之堂，但要做到味多不雜且層次分明可就不簡單，所以傳統臺式餐廳賣各式麵點的不少，卻鮮少以海鮮雜菜麵為招牌。

料理海鮮雜菜麵其實不如想像中的難，而且材料也可以很隨性，只要家中平時準備這些食材，並分包放入冰箱冷凍，想吃時再拿出解凍即可。提到食材的保鮮方式，舉例來說，蚵仔的保鮮方法很簡單，將鮮蚵以小袋子分裝後，放至冰箱冷凍室即可，退冰後，煮出的味道仍與冷凍前一樣新鮮。至於蛤蠣，只要將袋裝蛤蠣的塑膠袋封緊不透氣，放置冰箱冷藏二至三星期，蛤蠣仍能存活。

其實海鮮雜菜麵不需拘泥一定得用哪些食材，原則是冰箱有什麼就放什麼，但絕對不要選擇味道過重的食材，若要用醬油也只能用淡色醬油。另外，煮雜菜麵還有一個關鍵，就是起鍋前要放豆芽菜與韭菜，可以讓湯頭變得清爽，也是臺式湯麵的特色。

我覺得臺北市好吃的海鮮雜菜麵不少，其中讓我印象深刻的有兩家，一家在萬華火車站對面的街道進去，叫「麗珠小吃店」，店裡只有六張桌子，做的是標準的臺式料理，是不少老饕最愛光顧之處。麗珠的招牌是炸排骨，很多客人進去就只點雜菜麵及炸排骨，價廉物美又大碗，一個大男人要吃飽綽綽有餘。如果同行的人多，還可另外叫些熱炒，麻油腰花、烤烏魚子、鹹水吳郭魚等都是不可錯過的選擇。可惜轉型失敗，已收了不做。

另一家則是位於捷運北投站附近，名叫「三國」的餐廳，它的海鮮雜菜麵及炸排骨也不遑多讓，不過這裡的排骨採用肋排，比較少見，而主廚的功夫到家，軟嫩的肉質，連我媽都能吃得動。

若讀者覺得料理海鮮雜菜麵過於麻煩，我在前面也介紹了簡化後的海鮮雜菜麵，這道海鮮麵最大特色是利用芥菜來突顯鮮蝦及透抽的風味，材料及作法都較簡單。有時工作較忙，壓縮到準備晚餐的時間，這道麵就常常出現在餐桌上了。

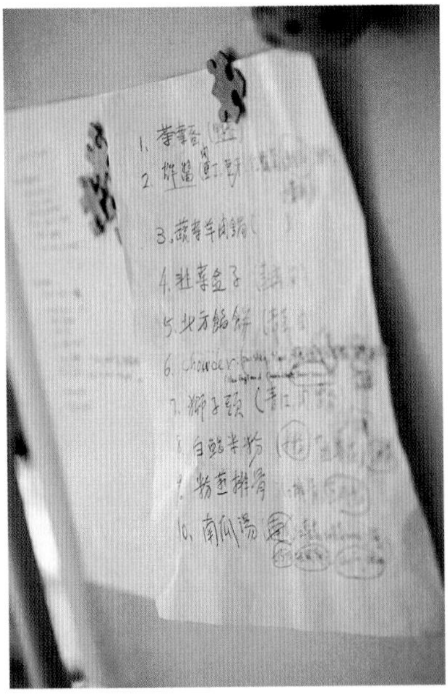

第三章

吃得營養、吃得健康——聰明吃魚

臺灣四面環海，魚及海產種類豐富，到菜市場就可以看到魚攤販售各種近海或遠洋鮮魚。不管是野生或養殖，臺灣人常用的烹調方式不外是蒸、煎、煮及炒。技術門檻雖不高，但要做得好，得掌握到關鍵步驟，缺了關鍵步驟，鮮魚料理就會出現火候不夠或過頭的問題。

本章主要介紹蒸魚、焗魚、古早味紅燒魚、炒鱔魚、砂鍋魚頭與燻魚的作法，這也概括了臺式及中式料理大部分的基本烹飪方式，學會這些基本功夫後，料理鮮魚只是這些烹調方式不同的組合，再加上第一章的製作醬汁方式，就可創造出令人驚豔的料理。

蒸魚

材料

- 鮮魚……1尾（600至900公克）
- 青蔥……2至3根
- 米酒……1杯

調味料

- 魚露……適量
- 油……半杯

作法

1. 魚若事前冷凍，必須完全解凍。魚身內外洗淨後，去除血腺及殘餘血塊，並沿背鰭左右兩側各劃一刀，將魚露均勻塗抹在魚身內外。
2. 選擇比魚身大的蒸盤，在盤上放置三根筷子，將整條魚橫放在筷子上。
3. 鍋中先置盤架，再放水（不高於盤架）煮滾，將盛魚的蒸盤放在盤架上，蓋起鍋蓋，大火蒸7分鐘。
4. 蒸魚的同時，另起油鍋，加入半杯油燒熱備用；洗淨青蔥，斜切段。
5. 打開鍋蓋，小心抽出架魚的筷子後，倒出多餘的湯汁，將蔥段平均鋪放在魚身上，淋上熱油，最後再淋上醬汁（見20頁）即可上桌。

廚房筆記

1. 鮮魚以當令在地食材為主，可選用海鯽、石斑、馬頭魚、黃帝魚、雞魚。
2. 背鰭左右兩側刀劃的深度應視魚的大小或魚身的厚度調整。
3. 蒸與燉得差別在於火候不同，蒸必須大火，燉則用中、小火。

七分鐘蒸一條魚的祕密

蒸魚是家庭及餐廳常見的魚類料理手法，然而，蒸魚最困難的部分在於火候，若蒸的時間不夠，容易導致魚龍骨部位附近的魚肉不熟；若蒸過頭，則魚肉口感又變差。有的餐廳或家庭為求魚肉熟透，往往在魚身上斜劃數刀，但魚身朝下的一面往往會因為受熱不足而無法完全熟透。

讀者到正宗的廣式海鮮餐廳用餐，或許會注意到廚師蒸魚時，都會在魚背鰭左右兩邊劃上兩刀，由於這兩刀，魚的背部上下都能均勻受熱，蒸魚時間可大為縮短。

至於如何解決魚身朝下的那一面不易蒸熟的問題，我的好友前南山人壽郭副總教我一招——在蒸盤上架上二至三根筷子，將整條魚放在筷架上，如此，水蒸氣就能均勻散布魚身上下兩面，省時又能平均受熱。他說用了這一招，魚不分大小，只要七分鐘皆可蒸熟，起初不信，拿了各種不同大小的魚測試，很神奇的是七分鐘全蒸熟，我想關鍵在於魚架在筷子上蒸。

煀魚

材料

• 鮮魚……1尾（600至900公克）
• 生薑……1根
• 青蔥……4至5根（視魚的大小調整）

調味料

• 魚露……適量
• 食用油……1大匙
• 太白粉……1大匙

作法

1. 魚身內外洗淨後，去除血腺及殘餘血塊，並沿背鰭左右兩側各劃一刀，將魚露均勻塗抹在魚身內外。
2. 生薑洗淨切片，青蔥洗淨切段，平鋪在平底鍋上，鋪蓋面積應比魚體大些。
3. 食用油與太白粉調勻成半透明油糊，油糊太濃稠可酌加食用油。
4. 將油糊均勻塗抹於魚身內外後，把魚平放在薑片及青蔥上。
5. 平底鍋蓋上鍋蓋大火加熱，待鍋蓋已熱到無法再用手碰觸時，轉小火繼續加熱8分鐘。
6. 將煀好的魚移到盤子上，淋上醬汁（見20頁）即可上桌。

廚房筆記

1. 此道食譜也可用雞腿或雞肉取代。雞腿或雞肉洗淨後，先以米酒、醬油及糖醃製半天，其餘作法與煀魚相同。
2. 也可以用切片的洋蔥取代青蔥。

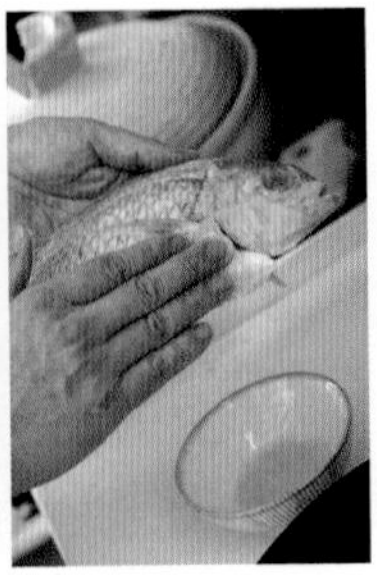
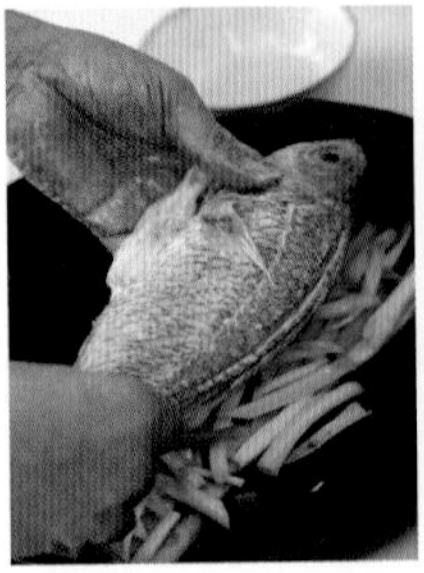

油糊封住的鮮美滋味

魚（雞）這個烹調法是住在香港的妹妹教我的，而她則是逛百貨公司鍋具部門時，從銷售人員那裡學來的。起初聽妹妹描述這些作法時，不相信如此輕鬆就能做出味道好且不易失敗的料理，後來實際嘗試幾次以後，發現的確簡單且不易失敗。

這種料理方法，美味的關鍵在於利用油糊封住魚肉裡的鮮味與湯汁，魚的甜鮮味不會流失，而且蔥薑的水氣也會去除魚的腥味，整盤魚看起來像清蒸似的，非常漂亮。我經常利用這個烹調方式做菜，至今尚未失敗過，唯一要注意的是得捨得用蔥與薑。

同場加映

古早味紅燒魚

材料

- 鮮魚……1尾（以赤鯮或紅盤仔較佳，300～400公克）
- 生薑或薑母……1小根
- 青蔥……2～3根，視魚的大小調整

調味料

- 黑豆油……2大匙
- 米酒……1大匙
- 味醂……1大匙
- 水……1大匙
- 糖……適量

作法

1. 魚身肉內洗淨，同蒸魚或焗魚作法。

2. 生薑（老薑）洗淨切絲。青蔥洗淨切4～5段，再從中剖開備用。

3. 先以大火鍋燒至大熱，放入適量食用油3～4大匙，待油燒熱轉中火再放入鮮魚慢煎，煎4～5分鐘，翻面再煎，至兩面發黃，將煎好的魚盛起，最後將多餘油盛起，留1～2匙。

4. 將薑絲及蔥段放入油鍋翻炒至香，再加上調味料，待醬汁煮沸後，轉中小火，放入煎好的魚，蓋上鍋蓋燜煮，不時用湯匙將醬汁澆淋在魚身上。五分鐘後，翻面重複上述步驟。五分鐘後關火，即可上桌。

廚房筆記

1. 煎魚要訣：鍋要燒到大熱，再放油，才不會沾鍋。
2. 紅燒又稱燜，用中小火蓋鍋燜煮，使醬汁濃縮，調味料亦進入魚身，材料營養成分大部分融入醬汁中，故醬汁不宜丟棄，吃時可做蘸汁使用。

砂鍋魚頭

材料

- 黑鰱魚頭……900至1200公克（草魚頭、身亦可）
- 豬後腿肉……150公克
- 冬筍或綠竹筍……1至2支
- 老豆腐……2塊
- 香菇……4朵
- 青蒜……2支
- 辣椒……1支

調味料

- 豆瓣醬……半杯★
- 豬骨高湯……1杯

作法

1. 所有食材洗淨。香菇用200毫升的水泡開，對切成6小塊，香菇水留作湯底備用。
2. 青蒜斜切；辣椒切小段；冬筍去殼切片；老豆腐切塊；豬後腿肉切片。
3. 黑鰱魚頭從頭蓋對剖成兩大塊。
4. 備一油鍋，待油加熱至冒煙後，放入魚頭以中火油炸，待兩面炸成金黃色後撈起（油的分量以魚頭可浸泡在油中為原則）。
5. 取一砂鍋，加入〈作法4〉的炸油2大匙熱鍋，再放入豆瓣醬以小火炒香。
6. 將豬肉片放入砂鍋中炒香，再依序放入香菇塊、筍片翻炒至上色，接著加入高湯、香菇水及水1800毫升煮滾，最後放入炸好的魚頭及老豆腐塊，蓋上鍋蓋，煮25分鐘。
7. 放入青蒜及辣椒段繼續煮3分鐘，即可原鍋上桌。

廚房筆記

1. 買魚時以現殺的最好，如此鮮度才夠；若選用草魚，可以請魚販由魚的背鰭對剖，再切塊。洗魚身或洗魚頭時，應去除魚骨上的血腺及血塊以減少土腥味。
2. 炸魚前，應先將魚頭徹底擦乾，以免炸油濺起。以中火油炸是為了讓魚炸成金黃酥脆，如此入鍋才能煮出好味道。

還原記憶中的砂鍋魚頭

近三十年前，當時的「美味小館」還在紹興南路與信義南路邊的兩層矮房子，由於離學校近，我便常去吃它的招牌砂鍋魚頭。這道菜給我的印象深刻，黑黑的一鍋湯，調味只放豆瓣醬，味道很單純，雖然湯汁有放入辣椒（不是辣椒醬），但嚐起來卻不會太辣，青蒜及辣椒段讓單純的豆瓣醬鮮活起來；而魚肉的香味則由豬肉片、筍片及香菇襯托，味道雖簡單但層次分明。當時的砂鍋魚頭不會像現在部分餐廳將湯煮得又酸又辣，或是湯汁裡的醬油味過重，當然更不像有些南部館子的砂鍋魚頭，還加上沙茶醬，讓湯汁味道變得過於複雜。

吃過「美味小館」的砂鍋魚頭，我回家就開始揣摩怎麼還原這道菜。起初都在湯裡加入醬油調味，但後來發現醬油不耐久滾，會發酸，於是突發奇想改試豆瓣醬，由於市售豆瓣醬種類繁多，湯頭煮起來的味道不盡相同，我試了不少，最後才在南門市場一樓的福州商店（福泰和）找到合適的豆瓣醬。最近，再去購買時，店員告知做豆瓣醬的師傅已退休。後來，在泰順市場的雜貨店還有賣豆瓣醬及甜麵醬，味道和南門市場的差不多，就改用他們的產品。

試做的過程中發現，熬煮湯頭有個關鍵：豆瓣醬不能直接放入湯頭，必須先以小火炒香，如此煮出來的湯頭顏色、味道才能與當時的「美味小館」接近。由於湯頭鹹度由豆瓣醬調整，故無須再加醬油或鹽調味。

試做幾次後請朋友品嚐，大家都覺得味道不錯，即便如此，我仍然不知道作法是否正確。直到幾年前，有一次在南門市場常光顧的菜攤買菜，遇到二十多年前在信義路通化街開設「寧記麻辣鍋」的老闆蔣先生。這家「寧記麻辣鍋」是目前市面眾多寧記麻辣鍋的創始店，每到冬天，店門口便排著不少等待吃麻辣鍋的客人，到目前為止，他的麻辣火鍋仍是我吃過最好的。

由於那陣子偶爾會上電視政論節目或接受記者訪問，老闆看到我就說：「我認識你！」我回道：「我也認識你！你以前就在通化街賣麻辣鍋。」就這樣我們在菜攤前聊開。寧記老闆說他已經退休了，也改吃素，每週上市場一、兩次採購新鮮蔬菜。老闆說他剛到臺灣最早賣的不是麻辣鍋，而是砂鍋魚頭，我見機不可失，便向蔣老闆提出一項要求：「可不可以向你拜師學砂鍋魚頭？」老闆沒馬上答應，而是要我下次先把我的作法拿給他看過再說。

一週後，老闆看完我的砂鍋魚頭食譜，說材料與作法基本上沒有問題，接著問我：「這道菜的兩大關鍵材

料——魚與豆瓣醬在哪兒買？」我指指市場地下一樓賣淡水活魚的鋪子（老闆退休，店也收了）與樓上的福州商店，老闆說那就對了。於是我對自己鑽研出來的砂鍋魚頭配方更具信心了。

對小家庭而言，鰱魚頭可能太大了，必須分多次才能吃完，所以建議可用草魚頭或草魚身代替。買魚時，我通常會請魚販將整條草魚由背鰭剖半切成六塊或將鰱魚頭對半切開，回家料理便輕鬆許多。魚頭及魚身炸完以後，可以分裝數袋冷凍，要吃時再拿出來煮就很方便，甚至湯頭也可以一次煮多一些，再分裝成好幾份冷凍起來。

記得有一次農曆年前，民視記者看了網站的食譜，想來家中採訪我教做砂鍋魚頭，我說可以，不過有一個條件：「採訪完了，要把砂鍋魚頭打包回去。」採訪影片還沒播，當晚這位記者傳來簡訊，她說她先生因為這鍋魚頭而多吃了好幾碗飯。不少朋友看到這段採訪，直嚷著要我做給他們吃。其實，好吃的砂鍋魚頭，祕訣就是要讓湯頭味道簡單有層次，而且這道菜不難做，就是炸魚時要特別小心，魚皮及魚肉要擦乾，不然容易濺油。

砂鍋魚頭所用的湯頭運用很廣，臺北市中山堂附近的上海老店「隆記」（現已收店），他們的砂鍋羊肉也是使用這種湯頭，只是配料有變化。「美味小館」的砂鍋魚頭有時也會加上二顆獅子頭，如果要放獅子頭，砂鍋魚頭中的肉片就可省略了。

韭黃炒鱔片

材料

- 新鮮鱔魚……450公克
- 生薑……半根
- 青蔥……1根
- 蒜頭……4至6瓣
- 韭黃……600公克

調味料

- 米酒……1大匙
- 鹽……適量
- 醬油……3大匙
- 糖……1小匙
- 太白粉……2小匙

作法

1. 所有食材洗淨。鱔魚切5公分段；青蔥切細花；生薑切末；蒜頭切末；韭黃切段備用。
2. 鱔魚片置於濾網中以滾水快速淋燙，再用冷水洗淨備用。
3. 起油鍋，油熱冒煙後，放入韭黃快速翻炒，加鹽調味後起鍋，擺於盤上。
4. 原鍋洗淨，再加半碗油起油鍋，放入鱔魚片爆炒，起鍋。
5. 轉中火，放入蔥花、薑末及蒜末爆香，再倒入所有調味料調味，最後放入鱔魚片拌炒均勻讓鱔魚入味，將鱔魚片及醬汁置於韭黃上即可上桌。

廚房筆記

先將鱔魚片以滾水汆燙固然可以省去處理鱔魚體液的麻煩，但炒出來的鱔魚會不夠脆。若要保有鱔魚片原本的口感，可先用清水略為沖去體液，然後直接將鱔魚片入鍋快炒。

營養美味的進補食材——鱔魚

挑選鱔魚時有幾個原則，表皮柔軟、呈黃褐色、黏液豐富且肉質肥嫩，聞起來沒有臭味為佳，其中又以每年四到五月的鱔魚品質最好。但新鮮鱔魚不好買，買了也不知道如何料理，而且處理鱔魚身上的黏液很耗時，常常會發生洗也洗不掉的問題，其實只要用滾水淋燙，再洗過就可以。

做鱔魚料理最好買現殺的鱔魚，身上若有黏液便是新鮮的證明。炒鱔魚的關鍵在於油要多，由於鱔魚下鍋前已先用滾水淋燙過，此時鱔魚已是半熟狀態，所以快炒即可，然後再倒出鍋中多餘的油，利用同個鍋子炒香調味料，最後勾芡就大功告成。食譜裡提到的兩種炒鱔魚作法大同小異，只在調味料的不同而已。

臺南的炒鱔魚很有名，又以鱔魚炒麵最為常見，民族路上鱔魚炒麵最值得一試，其配料主要是洋蔥絲、薑絲、蒜末、烏醋和糖，尤其是糖的分量要稍多，這是臺南炒鱔魚的特色——味道偏甜。臺南阿霞飯店炒鱔魚其實很接近韭黃炒鱔魚，只是以洋蔥絲取代韭黃段，在調味料酌增糖的用量，並加上烏醋。

過去很多江浙餐廳師傅炒鱔魚，起鍋後還會淋一大匙熱油，不僅香味四溢，熱氣蒸騰，熱油碰觸食材剎那間出現的聲光效果，更讓人食指大動。不過在家料理炒鱔魚時，這是一道不必要的步驟，而且淋油不符合現代的健康概念，故可省略！

新鮮的鱔魚非常營養，富含了維生素A、維生素B_1、維生素B_{12}、菸鹼酸、鐵等，另外還有豐富的DHA和卵磷脂，因此在臺灣人的飲食文化裡很常做為進補食材，對改善視力也有不錯的功效。記得在雲林縣水林鄉吃過令我印象深刻的鱔魚料理。他們選用野生小鱔魚入菜，這種鱔魚比泥鰍長些，但較瘦，餐廳師傅先將活的小鱔魚浸泡在酒中，讓小鱔魚內外皆有酒氣，然後整條入油鍋炸熟。一開始，我還以為吃的是泥鰍，後來問了老闆才知道這道菜是用鱔魚入菜，而且還是四、五十年前臺灣婦女坐月子時常見的料理，只可惜現在幾乎失傳了。

同場加映

芹菜炒鱔魚絲

材料

- 新鮮鱔魚……450公克
- 彩椒……1顆
- 芹菜……2根
- 鹹菜……100公克
- 紅辣椒……1根
- 蒜頭……4至6瓣

調味料

- 糖……1小匙
- 麻油……1小匙
- 白胡椒粉……1/2小匙
- 醬油……1/2小匙
- 甜麵醬……1小匙
- 水……1大匙
- 太白粉……1小匙
- 米酒……1小匙

作法

1. 所有食材洗淨。鱔魚切粗絲；彩椒去內囊，切絲；芹菜、紅辣椒切段；鹹菜切絲；蒜頭切末。
2. 鱔魚絲置於濾網中用滾水快速淋燙，再用冷水洗淨。
3. 取4大匙油，起油鍋，放入鱔魚絲快速翻炒取出。
4. 放入蒜末、紅辣椒、彩椒絲、芹菜及鹹菜絲炒軟，再放入鱔魚絲快速翻炒。
5. 起鍋前，加入所有調味料調味、勾芡，即可盛盤上桌。

廚房筆記

芹菜炒鱔魚絲是廣式作法，另有一種作法較為簡單，調味料不用白胡椒粉及甜麵醬，改加烏醋；材料中也不用彩椒及鹹菜，只用芹菜；另外在〈作法4〉加入一小匙辣豆瓣醬與鱔魚絲快速翻炒即可。

浙式黃魚羹

材料

- 黃魚……450公克
- 豬肉絲……100公克
- 雪裡紅……150公克★
- 鮮筍……1支
- 青蔥……1根
- 生薑……4片
- 雞蛋……1顆
- 香菜碎……適量

調味料

- 米酒……1大匙、1大匙
- 豬骨高湯……半杯
- 鹽……適量
- 太白粉……適量
- 白胡椒粉……適量
- 麻油……適量
- 烏醋……適量★

作法

1. 所有食材洗淨。雪裡紅切細絲；鮮筍去殼切絲；青蔥切段。
2. 豬肉絲與適量太白粉拌勻備用。
3. 黃魚去除內臟，內外洗淨，以青蔥、生薑片墊底，加米酒1大匙，放入電鍋蒸熟。冷卻後，用筷子挑去魚皮及魚骨，將魚肉弄碎備用。
4. 起油鍋，放入豬肉絲快速翻炒至熟，再放入雪裡紅絲翻炒。
5. 將豬骨高湯、黃魚肉碎、筍絲、米酒1大匙及1200毫升水放入湯鍋內，加熱至水滾，加鹽，太白粉加水調成芡汁，放入湯內勾薄芡。
6. 將打散的蛋汁慢慢倒入湯內，蛋熟即可關火。
7. 起鍋前，加白胡椒粉、麻油調味，撒上香菜碎，烏醋依個人喜好酌添即可上桌。

鮮甜細緻的黃魚肉

從前黃魚無法養殖，價格非常昂貴，只有在大市場才買得到大黃魚，其細膩的肉質老少咸宜，乾煎、紅燒或煮湯都很好吃。目前，到處可見養殖黃魚，價格也不貴，反倒很難找到野生黃魚。

從外型來看，養殖的黃魚肚子較大，背部顯著凸起，魚肉有養殖魚特有的飼料味，且味道不夠鮮美。平常自家料理，尤其是做成羹湯，養殖黃魚就可以了，若覺得養殖的肉質不夠鮮美，可用黑喉（與黃魚同科）替代，但黑喉較貴。

黃魚羹有浙式及廣式兩種作法，處理黃魚的方法完全相同，其差異主要在材料上。做這道菜所需的黃魚要先以蔥薑墊底，淋上米酒將黃魚蒸熟，然後去骨去皮取其肉。廣式黃魚羹會用到炸過壓碎的細米粉，待羹湯煮好後撒上即可，手法較為繁複。

同場加映

廣式黃魚羹

材料

- 黃魚……450公克
- 青蔥……1根
- 生薑……4片
- 鮮筍……1支
- 嫩豆腐……1塊
- 香菇……2朵
- 乾燥細米粉……1片
- 雞蛋……1顆
- 香菜碎……適量

調味料

- 米酒……1大匙、1大匙
- 豬骨高湯……半杯
- 太白粉……1大匙
- 麻油……適量
- 白胡椒粉……適量
- 鹽……適量
- 烏醋……適量★

作法

1. 所有食材洗淨。青蔥切長段；鮮筍去殼切絲；嫩豆腐切細條；香菇用水泡開，香菇水保留，香菇切絲備用。
2. 黃魚去除內臟洗淨，以青蔥、生薑片墊底，加米酒1大匙放入電鍋蒸熟。冷卻後，用筷子挑去魚皮及魚骨，再將魚肉弄碎備用。
3. 備一油鍋，待油加熱至起煙後，放入細米粉炸酥，撈起壓碎備用。
4. 取一湯鍋加入豬骨高湯、米酒1大匙及水1200毫升煮滾後，放入黃魚肉碎、筍絲、香菇絲、豆腐條煮滾。
5. 太白粉加水調成芡汁，放入湯內攪拌勾薄芡。
6. 雞蛋打散成蛋汁，慢慢均勻倒入湯中，滴上麻油及白胡椒粉，加鹽調味，最後撒上炸過的細米粉及香菜碎，烏醋依個人喜好酌添即可上桌。

燻魚

材料

- 草魚中段……1200公克
- 青蔥……4根
- 生薑……1根

調味料

- 醬油……3大匙★
- 紹興酒……2大匙
- 醋……1大匙
- 糖……2小匙

作法

1. 所有食材洗淨。草魚切成約4公分寬的片段，擦乾水分。
2. 青蔥切段；生薑切片。
3. 備一油鍋，待油加熱至冒煙後，用小火將草魚炸至骨脆肉乾，兩面呈現焦黃後取出。
4. 取一平底鍋，將生薑片及青蔥鋪在鍋底，放入所有調味料加熱。
5. 醬汁煮滾後，將草魚片放入鍋中，蓋上鍋蓋以小火燜煮，並隨時翻動草魚片以均勻入味，收乾醬汁後關火，待冷卻即可食用。

廚房筆記

1. 調味料的糖與醋，可用味醂取代。
2. 購買草魚時，只需要告知魚鋪草魚要用做燻魚，通常就會將草魚切成適合的形狀和大小。

第四章

吃不完的美味小吃

本章記錄令我印象深刻的臺灣小吃或麵食，或在臺灣已不容易見到的中式料理，或在臺灣很流行的菜餚，很想在家嘗試但不知如何製作。這些菜做起來需要一些功夫，但值得在家嘗試，保證比店家提供的要衛生、安全。其中酸白菜的做法各家不同，僅提供我實驗成功的做法，至於韓式泡菜則是正宗韓國作法，是以前念博士班時韓國同學太太所教的。

文化強調創新，而文明則重在經驗累積與傳承，飲食的創新與經驗累積、傳承是不可分的，創新不是對傳統的否定，本章的臭豆腐炒黃豆芽就是傳承臺灣滿街都是的炸臭豆腐，再加以創新所成的菜餚，冀望讀者看了之後，亦能從傳統走到創新。

本章介紹的菜餚皆可做為晚餐桌上的菜餚，有的可分餐來吃，有的現做現吃，請讀者細心體會。

韭菜盒子

材料

- 中筋麵粉……600公克
- 豬絞肉……600公克
- 韭菜……600公克
- 煮滾的熱水……100毫升

調味料

- 糖……1小匙
- 黑豆油……適量
- 麻油……適量

作法

1. 韭菜洗淨、瀝乾後切成細段，加入絞肉一起攪拌，再加適量黑豆油及麻油調味，即成韭菜肉餡。
2. 取一不鏽鋼盆，將中筋麵粉與1小匙糖混合拌勻，再將煮滾的熱水分次加入攪拌，最後加冷水20毫升拌勻後揉成麵團，放置30分鐘醒麵團。
3. 將麵團分成數份接近乒乓球大小的麵團，擀成直徑約10公分的圓形麵皮。
4. 將韭菜肉餡放在麵皮中間，再對摺，把半圓形的邊用手捏緊即可。
5. 平底鍋以少許油起油鍋，中小火將韭菜盒子兩面煎熟即成。

廚房筆記

1. 熱水的分量必須視麵粉狀況而做調整、增減，此食譜材料分量為建議參考用。在麵粉裡加少許糖有助於提出麵粉的香氣。
2. 絞肉與韭菜的比例，可依個人喜好做調整。

從麵皮講究到內餡的韭菜盒子

市場常見的韭菜有兩種，較大株的韭菜前段為白色，口感較細，香味不足，較容易買到；另一種小株的為本土品種，前段呈淡綠色，香氣十足，這兩種皆可做為韭菜盒子的內餡，但憑個人喜好。

韭菜盒子的韭菜與肉比例為一比一，喜歡韭菜較多的人可酌量增加，至於市面上販售的韭菜盒子，有的還有加入冬粉、豆干等，都可隨個人喜好改變內餡。不過做韭菜盒子有時會遇到一個問題——內餡出水，主要原因是韭菜清洗過後沒有完全瀝乾。

做韭菜盒子的絞肉要細絞才好吃（請肉鋪將豬肉絞兩次），而盒子好吃的關鍵在於調味要單純，要突顯韭菜的香氣，只需黑豆油和麻油，無須加鹽或其他調味料（如薑汁），因此這裡選用的黑豆油很重要，千萬不要用調味過頭的醬油，我現在都使用委託彰化社頭新和春代製的黑豆油，味道單純。

韭菜盒子的皮要用燙麵來做，一開始用滾燙的水來和麵，而最後須加點冷水。如果全用滾水，麵團會被燙死，口感也較軟爛，不具Q度。也許有人會認為用熱水又用冷水很麻煩，不如就用溫水，這也不行，因為溫水麵與燙麵又完全不一樣了。和好的麵團不能夠太乾，而且要先醒半小時才可以開始擀麵（因為和麵過程中添加冷水，需要醒麵團這個動作）。

市售的韭菜盒子有用炸的，我的韭菜盒子因為是燙麵做的，麵皮基本上是接近全熟，所以不需要用炸的，炸起來也不會好吃，少油乾煎，以中、小火讓內餡熟了就好。韭菜盒子可以一次做多一點，將生的韭菜盒子直接冷凍保存，食用時不需解凍即可直接下鍋煎熟，很方便；或先煎熟再冷凍，吃時拿出來用鍋子加熱亦可。

紅糟草魚

材料

- 草魚身中段……1200公克
- 生薑……1根
- 蔥花……少許

調味料

- 紅糟……2杯★
- 糖……1大匙
- 黑豆油……1大匙

作法

1. 草魚洗淨，沿背鰭對半剖開，再切成每段10公分寬的肉塊（此步驟可請魚鋪代為處理）；生薑洗淨切片。
2. 備一油鍋，待油加熱至冒煙後，將草魚塊以中火炸至兩面呈金黃色，撈起魚肉前，開大火將油自魚體中逼出，放涼備用。
3. 另起油鍋，爆香生薑片後放入紅糟以小火拌炒，待紅糟炒香後，放入糖及黑豆油續炒5分鐘，關火。
4. 醬汁冷卻後，用手將紅糟醬汁均勻塗抹在炸好的草魚塊，待完全冷卻後，放入塑膠袋內，即可放入冰箱冷藏。
5. 兩天後即可食用，食用前以電鍋蒸熱，撒上蔥花即可。

廚房筆記

1. 草魚塊要油炸前，先將魚身內外擦乾，避免熱油四濺。
2. 建議〈作法3〉之醬汁濃度應如同濃粥，若太濃，在煮醬汁時可酌予加水。由於紅糟鹹度不同，黑豆油的分量應配合紅糟鹹度做調整。
3. 紅糟草魚，最多可冷藏一星期。

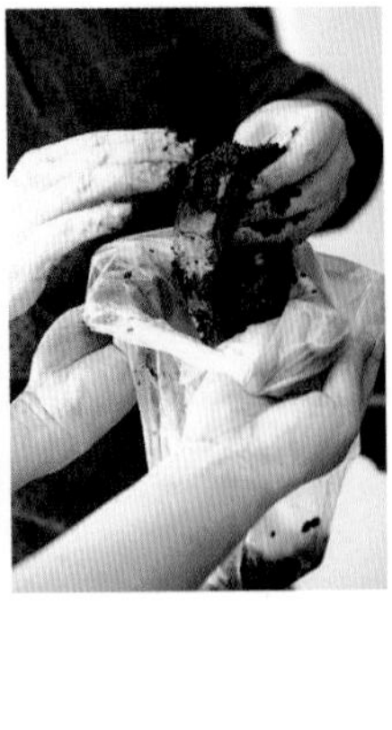

酒釀香，紅糟香

紅糟係由糯米、紅麴兩種主要原料製成，也是紅麴釀成酒後，將酒液擠出後所剩下的材料。由於早期過去肉類保存不易，人們除了用紅糟入菜，也會將吃不完的肉類浸泡於紅糟裡貯存，以延長保存的時限。而紅麴具有降血脂、促進新陳代謝、預防心血管疾病等功效，也讓紅糟在近年引起愈來愈多人注意。

臺灣未加入ＷＴＯ前，菸酒屬專賣事業，民間不得私自釀酒，那時的紅糟不好買，買的時候都要偷偷摸摸，我記得當時的紅糟較為乾燥（因為紅麴與米可以釀出紅米酒，酒比紅糟值錢，所以店家都會盡力的將酒液榨出），而且又鹹。現在已經開放民間釀酒，市面上買到的紅糟多具有濃濃的酒香，購買時只要聞一聞，接著以手沾點紅糟放入口中，嘗嘗看會不會太鹹就知紅糟好不好。

九份有不少店家販售紅糟肉圓；金山及基隆則有紅糟海鰻塊，那裡的紅糟海鰻塊除了紅糟外，還加上打碎的米豆醬及五香粉提味。而福州紅糟海鰻的作法又與金山、基隆紅糟海鰻塊不同，福州紅糟海鰻是將生海鰻塊先以紅糟、醬油與糖做成醬汁（和紅糟草魚的醬汁相同）醃漬，吃時再蒸；而金山及基隆的紅糟海鰻塊則是先以醬汁醃漬，再裹粉入油鍋炸熟。

以前在新北市新店附近還可以吃到紅糟羊排，羊排先烤，上桌前再淋上紅糟醬汁。這道菜的紅糟醬汁與紅糟草魚或紅糟五花肉的材料幾乎相同，只是紅糟羊排的醬汁還多加了蒜末（羊肉與蒜頭放在一起最搭，我喜歡把這個組合稱為幸福美滿的Happy Marriage）。

同場加映

紅糟五花肉

材料

- 黑毛豬五花肉……1200公克
- 生薑……1根
- 蔥花……少許（香菜碎亦可）

調味料

- 紅糟……2杯
- 糖……1大匙
- 黑豆油……1大匙

作法

1. 五花肉洗淨，切成4大塊；生薑洗淨切片。
2. 將五花肉塊放入滾水中，以中、大火煮40至50分鐘後取出，放涼備用。
3. 另起油鍋，爆香生薑片後放入紅糟拌炒，待紅糟炒香後，放入糖及黑豆油續炒5分鐘，關火。
4. 醬汁冷卻後，用手將紅糟醬汁均勻塗抹在煮好的五花肉塊上，待完全冷卻後，放入塑膠袋內，即可放入冰箱冷藏。
5. 兩天（至多一星期）後即可食用，食用前切片，以電鍋蒸熱，撒上蔥花即可上桌。

臭豆腐炒黃豆芽

材料

- 古法釀製臭豆腐……6塊★
- 胛心肉……150公克
- 黃豆芽……300公克★
- 蒜頭……3瓣
- 辣椒……1根

調味料

- 辣豆瓣醬……3大匙★
- 鰹魚粉……適量
- 鹽……適量

作法

1. 所有食材洗淨。臭豆腐切成0.5公分薄片，瀝乾水分。
2. 胛心肉切絲；蒜頭切末；辣椒斜切小段備用。
3. 備一油鍋，待油加熱冒煙後，以中小火將臭豆腐片炸成金黃色（外黃內白，如香蕉一般）後，起鍋。
4. 另取一鍋起油鍋，待油燒熱後爆香蒜末與辣椒，放入胛心肉絲以大火炒熟起鍋，接著加入辣豆瓣醬炒香，再放入黃豆芽，加水60毫升燜煮15分鐘。

5. 放入豬肉絲及臭豆腐片，加鰹魚粉及鹽調味，以中火拌炒收汁讓臭豆腐入味，即可裝盛上桌。

廚房筆記

1. 臭豆腐不要切太薄，否則拌炒時容易斷裂。
2. 豬肉也可用鹹豬肉或培根代替。

門當戶對的臭豆腐與黃豆芽

「臭豆腐」是臺灣人氣指數數一數二的在地小吃，到處都可以看到它的蹤跡。吃炸臭豆腐時，我們習慣淋一匙醋或辣豆瓣醬，「臭豆腐炒黃豆芽」就是由此發想而成。

這道菜其實不難做，但臭豆腐要買對，必須使用遵循古法採自然發酵的臭豆腐，臺北南門市場及東門市場的商店都會有。一般而言，自然發酵的臭豆腐較大，較小塊的臭豆腐通常是化學方法製成的。其次，這道菜主要是靠辣豆瓣醬調味，放鹽不放醬油，黃豆芽要煮久一點才會熟，所以必須添加少許水將黃豆芽煮軟，湯汁才會煮出味道，隨後放入的炸臭豆腐片才能吸收黃豆芽的香味。

至於這道菜為什麼會加入黃豆芽呢？主要是黃豆芽和臭豆腐都屬於黃豆系列製品，一個是剛發芽的黃豆，一個是發酵後的黃豆製品，兩樣食材組合在一起，有其相承之用意。我曾經想過，如果不用黃豆芽還能用什麼青菜取代？取代的青菜必須耐煮，白菜會出水，煮久會產生酸味；高麗菜味道太甜，不對；蘆筍味道也不對；雪裡紅不適合，所有青菜想來想去，黃豆芽還是首選。上海菜裡的清蒸臭豆腐，裡面放有毛豆，但毛豆仁與豬肉絲臭豆腐的型不對，搭起來也不好看，因此我還是推薦黃豆芽。讀者可嘗試將黃豆芽改為韓國泡菜，因為黃豆芽與韓國泡菜都是韓式料理餐前小菜的主角。

最近在一家小館吃到類似的一道菜，作法是先炒好肉丁，臭豆腐切丁（約1.5公分見方）再炸，再加入臭豆腐丁與韭菜花段拌炒，最後加辣豆瓣醬即可上桌，味道還不錯。

若是在家請客，我一定會準備「臭豆腐炒黃豆芽」，而且很快就被一掃而空。

同場加映

黃豆芽番茄排骨湯

材料

- 豬頸骨……200克
- 黃豆芽……300克
- 番茄……1顆

調味料

- 鹽……適量
- 鰹魚粉……適量

作法

1. 豬頸骨切成小塊（可請肉鋪代為處理）洗淨。
2. 將豬頸骨及番茄放入滾水中，汆燙三分鐘撈起，番茄去皮，豬頸骨用冷水洗淨。
3. 備一湯鍋，放入清水、汆燙過豬頸骨和去皮番茄，大火煮滾半小時，轉中小火煮半小時。
4. 放入黃豆芽續煮半小時即可。

自製酸白菜

材料

- 山東煙台大白菜……2顆，視醃製容器大小而定

調味料

- 鹽……2大匙
- 金門高粱酒……1杯
- 未煮開的水……1500至2000毫升，視醃製容器大小而定

作法

1. 大白菜洗淨，對切剖半。

2. 大鍋盛水煮滾，將大白菜放入鍋中，正反面各汆燙30～40秒（視大白菜大小而定）後取出放涼。

3. 備一容器以水洗淨，確定沒有任何異味及殘餘物質後，加入過濾但未煮開的水。

4. 將冷卻的大白菜用手稍微擰出水分並保留，一同與大白菜放入醃製容器。

5. 加高粱酒與鹽，取一乾淨石頭或重物壓在酸白菜上，蓋上蓋子密封。

6. 每週檢視發酵過程一次。一至二週後，水面應會出現乳酸菌所形成的白膜，出現乳酸菌的白膜後，就可適度翻動。

7. 約三至四週即發酵完成，連湯汁與大白菜一起放入塑膠袋或容器，放入冰箱冷藏。

廚房筆記

1. 選大白菜時，要選長形山東煙台大白菜，愈重愈好；市場上常見的球形白菜不適合做酸白菜。
2. 山東煙台大白菜要先汆燙，汆燙時間不夠或鹽加得不夠，不易做成酸味十足的酸白菜。
3. 醃製容器以陶製的最好，塑膠容器亦可。
4. 醃製時，一顆大白菜搭配一大匙的鹽；若醃製過程出現綠色的黴菌，得趕緊撈起。

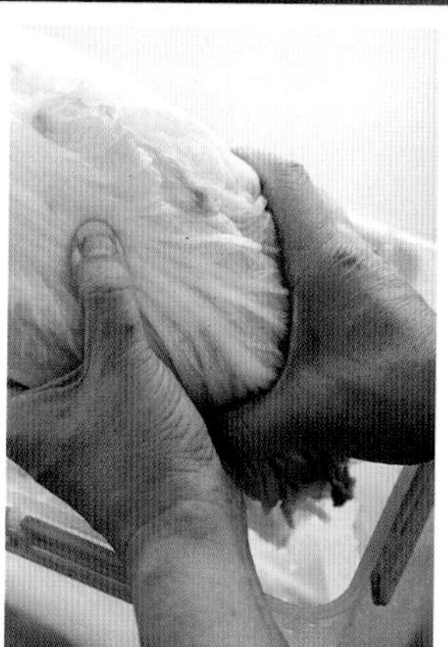

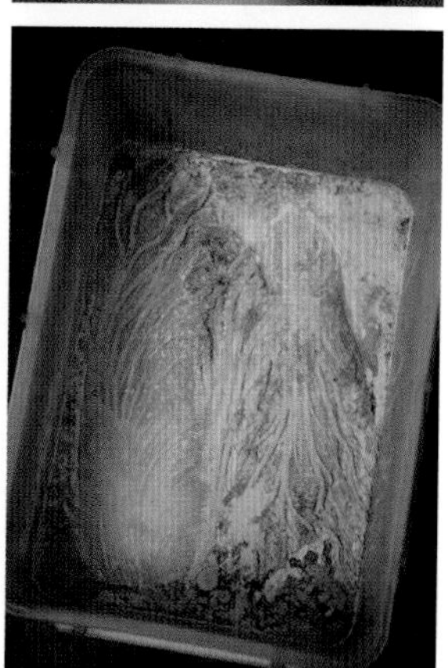

酸白菜裡的實驗家精神

二十幾年前，臺灣還不是很流行酸菜白肉鍋，只知道臺北市臺電勵進餐廳賣酸菜白肉鍋，但不知道為什麼，酸菜白肉鍋突然在十餘年前開始流行起來，現在臺灣南北都可看到。

十年前我還在高雄時，左營一位朋友知道我愛吃酸菜白肉鍋，便帶我去左營眷村內的「劉家小館」試試，當時還只是一家小店，店內供應A、B、C三種套餐，每種套餐都有酸菜白肉鍋，再搭配水餃、捲餅及一些小菜，便宜又好吃，每到中午用餐的時間，客人很多，往往得要等半小時才能入內用餐。

初見劉老闆，還以為他是外省人，後來才知道來自雲林，退役後在左營開了這家店，而酸白菜的作法也是別人傳授的。因為高雄天氣熱，劉家小館的酸白菜酸化速度快，酸味十足。後來舊址生意太好，又在附近眷村的中正堂文康活動中心開了新店，還是一位難求。

其實，高雄市還有一家老店的酸菜白肉鍋也不錯，就是位於鹽埕區巷內的「京華小館」，店裡的鍋具還是老式傳統的銅鍋。「京華小館」的醬料非常講究且道地，有韭菜醬、蒜末、芝麻醬、豆腐乳、蔥花、香菜，由客人自行調醬。「京華小館」與「劉家小館」類似，酸菜白肉鍋會搭配蔥油餅、自製炸肉丸。炸肉丸外皮酥脆而內部鬆軟，沾點甜麵醬便香氣十足。高雄的酸菜白肉鍋都有共同特色，都是使用不帶皮的五花肉，但白肉要好吃，其實得帶皮才行。

臺北南門市場豬肉鋪都買得到白肉，但黑毛豬的白肉則很少見，不易買到，即便是賣黑毛豬的肉鋪都

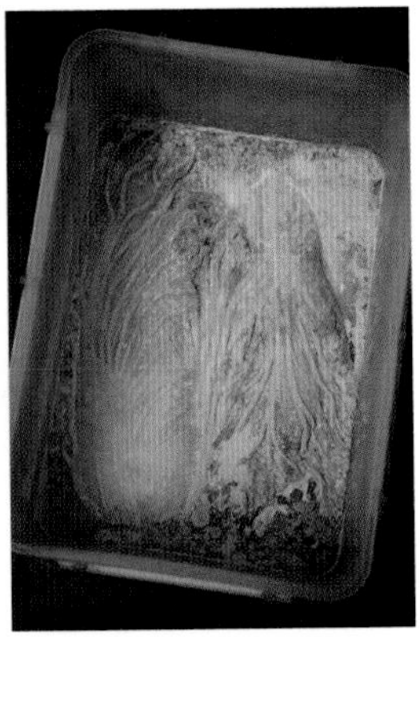

未必有賣白肉。以前在南門市場買的白肉，品質和外頭餐館比起來毫不遜色，後來偶然在東門市場裡，發現有家專賣黑毛豬的肉鋪「國明肉號」有賣白肉，買回來以後，初試之下，不覺得與白毛豬的白肉有多大的差別。直到有一天在東門市場買不到黑毛豬白肉，只好回到南門市場買白毛豬的白肉，也剛好家中尚有前次留下的黑毛豬白肉，一吃一比較，差異就出現了，黑毛豬白肉雖然看起來較肥，但其實肉不僅較鮮甜，油脂的部位更是有脆脆的口感。

其實我會做酸白菜是歪打正著。有一次醃製韓國泡菜時，忘了把浸泡在鹽水中的白菜拿出來，直到一星期後才想到，此時的白菜已泛出乳酸菌的獨特香味，我聞後心想：「這味道不就是酸菜白肉鍋中的酸白菜嗎？」之後我又如法炮製了幾次，發現酸白菜的品質不穩定，天氣熱很容易就可以發酸，但天冷則又不夠酸。再嘗試幾次才發現，酸白菜酸度與鹽有關，鹽太多容易變成酸菜。

後來又在電視新聞中看到有廠商展示加了高粱酒的酸白菜。加高粱酒為的就是促進乳酸菌生成，當時家裡正好有金門高粱酒，就被我拿來嘗試醃製酸白菜了，而且我發現，用其他品牌高粱酒或公賣局米酒製作酸白菜的效果，都沒金門高粱酒好，可能金門高粱酒殘留的酵母較多，所以兩顆大白菜，加入一杯金門高粱就夠了。

即使發現了鹽巴和高粱酒這兩個控制因素，酸度不穩的問題仍然無法解決。有位朋友吃過我做的酸白菜鍋，亦覺得不夠酸，他便提到有次在日本北海道一家居酒屋喝酒的故事，店主是一位老婆婆，她直接從缸中取出醃好的酸白菜，切段後就上桌了，一嘗之下，我朋友大感意外，何以不添加其他調味料的大白菜能如此好吃？酸得夠味卻又

不嗆鼻。我朋友不懂日文，與婆婆比手劃腳一番後，終於弄懂大白菜醃製之前要先用滾水汆燙，再放入缸內，然後用石頭重壓，一段時日後就大功告成。

聽完朋友的敘述，我推測關鍵步驟應是汆燙。由於臺灣和北海道的氣候迥異，因此我稍做改良，首先將一大鍋水煮滾，將大白菜燙四十秒，取出後等大白菜降溫，冷卻後再置於容器中。容器中的水為未煮開的水，但可以是過濾水，因為水一煮開，所有的菌種都被殺死，很難發酵，水蓋過白菜即可，之後加入適量鹽（要親嘗味道，太淡、太鹹都不行），再加金門高粱後密封，一個星期後打開，翻動白菜後再封好，三到四週後就可以吃了。

完成的酸白菜需要取出冷藏，不能泡在容器中，時間一久大白菜就會化掉。而每次醃酸白菜時，前次剩下的酸汁不可留用，因為乳酸菌品質會降低，經常醃製酸白菜的容器會殘留乳酸菌，每次做完應稍做清洗。

檢視醃製成果時，如果白膜很厚，讓你一眼無法看到白菜，那表示做得很成功；反之，如果水面上出現黴菌的綠色薄膜，就要趕快撈掉，若蔓延開來，這缸大白菜就得丟棄，不能吃。

酸白菜的用途很多，除了炒肉外，亦可燒魚湯，和澎湖的名菜——酸瓜燒魚類似。在夏天用酸白菜來炒肉，清爽又下飯，先把黑毛豬五花肉以中大火煮四十至五十分鐘，冷後切片，和酸白菜一起炒，加點辣椒、鹽即可，因為酸白菜有鹹度，所以要酌量用鹽，而且不能放醬油，否則顏色就不對了。

用酸白菜來做水餃也是一絕，先把酸白菜的酸水擰出（不需擰太乾），切細絲；豬絞肉要帶點肥，和酸白菜一起攪拌均勻後，加鹽調味即成水餃內餡，也可以加雞凍、麻油，口感會更滑潤、味道更香。

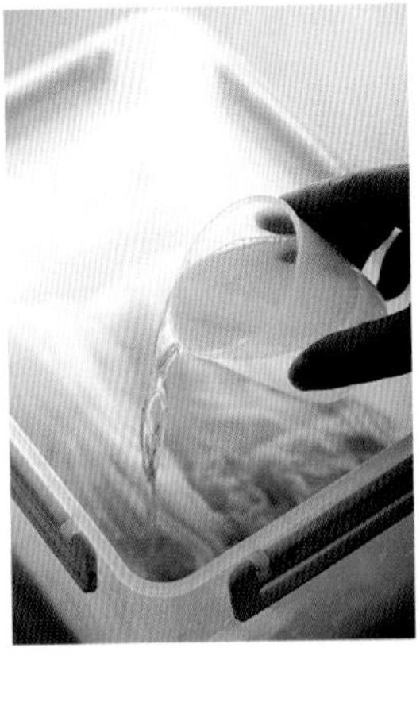

同場加映

韓國泡菜

材料

- 山東煙台大白菜……2顆
- 花枝……150公克
- 大白蘿蔔……1根
- 蒜頭……10至12瓣
- 青蔥……5至6根（喜歡口味較酸的，泡菜可酌量增加）
- 紅辣椒……2根
- 生薑……少許
- 濃米粥……4大匙

調味料

- 鹽……4大匙
- 蝦醬……2大匙（魚露亦可）
- 韓式辣椒粉……1杯

作法

1. 所有食材洗淨。大白菜對切剖半，用鹽水（水以蓋過大白菜為原則）浸泡5至7小時後取出，擰出水分備用。

2. 花枝切細絲；白蘿蔔削皮切細絲；蒜頭切丁；青蔥切段；紅辣椒切斜段；生薑磨汁。

3. 將〈作法2〉材料與蝦醬、韓式辣椒粉及濃米粥拌勻成醬汁，均勻塗抹在大白菜每片菜葉上。

4. 將均勻塗抹醬汁後的白菜置於容器之中，並於室溫下放置一天，然後放入冰箱冷藏。

廚房筆記

1. 花枝也可用去殼蝦仁泥代替。
2. 韓國泡菜味道較鹹，因此一顆大白菜大約搭配二大匙鹽。

粉蒸排骨

材料

- 黑毛豬小排骨……300公克
- 蒸肉粉……2包，不夠可酌增★
- 番薯或馬鈴薯……2顆

調味料

- 紹興酒……1大匙
- 甜麵醬……1大匙★
- 糖……1小匙

作法

1. 番薯或馬鈴薯削皮，洗淨，切滾刀塊。
2. 小排骨洗淨後切小段，將所有調味料混和調勻成醬汁，放入小排骨醃漬。
3. 取一淺盤裝蒸肉粉，將醃過的小排骨均勻裹粉後取出，放置20分鐘，讓蒸肉粉完全吸收醬汁。
4. 取一蒸盤將番薯或馬鈴薯鋪於蒸盤底部，再將已沾裹蒸肉粉的小排骨放置於其上。
5. 壓力鍋放少量水，將盛裝小排骨及番薯或馬鈴薯的蒸盤隔水蒸15～20分鐘，完全減壓後取出。

廚房筆記

1. 蒸肉粉建議選擇自強牌，香氣較濃郁，但很難買到。
2. 番薯的甜味可以中和粉蒸排骨較厚重的味道，但也可以用馬鈴薯取代，滋味也很棒。
3. 若沒有壓力鍋，電鍋亦可。蒸好的粉蒸排骨可以先裝盛至盤裡再上桌。

五花肉炒茭白筍

材料

- 黑毛豬五花肉……150公克
- 茭白筍……8至10支，視大小而定

調味料

- 黑豆油……適量
- 鹽……適量
- 鰹魚粉……適量

作法

1. 五花肉洗淨，取一湯鍋加水，以中大火煮40至50分鐘取出，放涼，逆紋切片。
2. 茭白筍洗淨，去殼，切片或切滾刀塊。
3. 加60毫升的油起油鍋，油熱後放入茭白筍片以大火快速翻炒至熟。
4. 加入黑豆油、鰹魚粉調味，再放入五花肉片繼續翻炒，待醬汁收乾後即可起鍋。

相輔相成的美味——茭白筍&五花肉

這道菜用五花肉與茭白筍塊搭配，讓茭白筍充分吸收五花肉的肉汁與肥油，而五花肉亦吸收了茭白筍的香氣，再加上黑豆油的提味，不僅美味，且容易料理，很值得嘗試。

若碰到非茭白筍生產的季節，亦可用青蒜取代，只要將青蒜洗淨切斜段，其餘作法同五花肉炒茭白筍，一樣鮮甜好吃。

蝦醬鮮貝燴角瓜

材料

- 冷凍鮮貝（干貝，俗稱帶子）……6顆
- 角瓜……2條
- 蒜頭……4瓣
- 青蔥……1根

調味料

- 蝦醬……1大匙
- 糖……1小匙
- 白胡椒粉……1小匙
- 麻油……1小匙
- 太白粉……1大匙

作法

1. 冷凍鮮貝自冷凍室取出後，無須退冰，直接以電鍋蒸3分鐘，冷卻後對半切開備用。

2. 角瓜削皮洗淨後，切滾刀塊。

3. 蒜頭去膜切丁；青蔥洗淨，切蔥花備用。

4. 起油鍋，待油燒熱後，放入蒜丁及角瓜快速翻炒至熟軟出水。

5. 所有調味料加水30毫升混合拌勻，倒入鍋中勾芡。

6. 放入鮮貝及蔥花翻炒數下，關火即可裝盛上桌。

廚房筆記

1. 澎湖絲瓜因外表有十條稜角，又被稱為角瓜，質地細嫩，久煮也不易變爛。削皮時，不需將綠色外皮完全削去，可保留其口感。
2. 建議可選用市售冷凍、直徑約三公分的鮮貝，烹煮後口感較佳。
3. 冷凍鮮貝亦可用海瓜子或去殼蝦仁替代。

炒海瓜子

材料

- 海瓜子……900公克
- 生薑……1根
- 蒜頭……6至8瓣
- 青蔥……1根
- 紅辣椒……1根
- 九層塔……2根

調味料

- 黑豆油……2大匙
- 糖……1/2大匙
- 米酒……1/2大匙

作法

1. 海瓜子洗淨，瀝乾水分。
2. 生薑、蒜頭切末；青蔥、紅辣椒洗淨切細花；九層塔洗淨，摘葉留用。
3. 起油鍋，待油熱後，先以中、小火將生薑末、蒜末、青蔥細花以及紅辣椒細花爆香，再放入海瓜子以大火迅速翻炒至海瓜子開口。
4. 加入黑豆油、糖及米酒調味拌炒均勻，起鍋前，放入九層塔稍微翻炒即可盛盤上桌。

青豆蝦仁燴豆腐

材料

- 蝦仁或劍蝦仁……300公克
- 嫩豆腐……2塊
- 冷凍青豆仁……50至80公克
- 雞蛋……1顆
- 青蔥……1根

調味料

- 高湯……半杯
- 太白粉……適量
- 麻油……適量
- 鰹魚粉……適量
- 鹽……適量

作法

1. 蝦背上用刀劃開一道去泥腸，洗淨後加少許太白粉、麻油、鹽拌勻醃5分鐘。
2. 嫩豆腐去邊，切薄塊；青蔥洗淨切蔥花；蛋打成蛋汁備用。
3. 起油鍋加熱至冒煙，放油60毫升至燒熱後，放入蝦仁快速翻炒至變色後撈起，用餘油爆香蔥花，再放入豆腐塊小心翻炒。
4. 加入高湯，再放回蝦仁以小火煮2分鐘。
5. 放入青豆仁，以太白粉加水調成芡汁勾芡，加鹽、鰹魚粉及麻油調味，最後淋上蛋汁，關火即可起鍋。

廚房筆記

這道菜亦可變為素菜，只要將蝦仁改為酸菜心即可，其餘材料皆同，就成了「酸菜燴豆腐」。酸菜必須切成丁，為了中和酸菜心的酸味，可在〈作法3〉中加入適量的糖，是一道適合夏天的開胃菜。

潮州蚵仔煎

材料

- 鮮蚵……150公克
- 胛心肉……70公克
- 雞蛋……6顆
- 青蔥……1至2根

調味料

- 番薯粉或太白粉……2大匙
- 麻油……1大匙
- 魚露……1小匙
- 白胡椒粉……適量

作法

1. 所有食材洗淨。青蔥切細花；胛心肉切成肉角（即稍大的肉丁）。
2. 鮮蚵洗淨，瀝乾水分後，加肉角及番薯粉輕輕拌勻後，放置5分鐘。
3. 雞蛋打散成均勻蛋汁，放入蔥花、麻油及魚露調味，接著將鮮蚵及肉角放入蛋汁中攪拌均勻。
4. 起油鍋（半杯油或更多），待油燒熱，轉中火後將蛋汁倒入鍋中，待底部煎熟成型，再翻面續煎至蛋汁完全凝固後起鍋，撒上白胡椒粉即可。

廚房筆記

煎蛋時，油放愈多，口感愈滑順。

同場加映

潮州沾醬

材料

- 紅辣椒……1根，切細花
- 魚露……1小匙
- 烏醋……1大匙
- 蒜頭或蒜泥……1瓣

作法

所有料混合即成潮州沾醬。

蚵仔配肉角的軟嫩嚼勁

這道料理是從高雄市某位議員太太那裡學來的，平常吃到的蚵仔煎大多只有蚵仔而無肉角，為了讓蚵仔煎看起來分量較多，且讓蚵仔不易出水，市面上作法多是在厚厚一層的番薯粉糊上、撒上幾顆蚵仔，讓番薯粉糊封住蚵仔的水分，然後再加上青菜及蛋，看起來就非常的豐盛美味了。

在家裡做蚵仔煎亦會有蚵仔出水的問題，這道「潮州蚵仔煎」係先將蚵仔及肉角用乾番薯粉裹住，讓蚵仔的水分自然與番薯粉調和，如此煎的時候可避免出水，同時還可以保持蚵仔及肉角的嫩滑。

既然這道菜是潮州料理，我就加上潮州式的沾醬，蚵仔配上魚露，亦會襯托出蚵仔的美味；而肉角配蚵仔吃起來，除了蚵仔的軟滑，還有肉角的嚼勁，棒極了！最重要的是這道菜不難做，很適合在家料理。

第五章

暖呼呼的煲湯料理

本章介紹幾道煲菜及滾湯的作法。煲與紅燒都是利用燜燒的原理，而煲多利用砂鍋或鐵鍋（統稱為煲鍋）加熱後，放入食材、調味料、湯水，小火慢熬一到二小時，過程中不需調整火候，或加水，或掀蓋翻炒，料理煲菜講究一氣呵成。

煲菜一般分為有湯的「湯煲」和無湯的「乾煲」。小火慢熬是煲菜烹調的特色，料理時應注意：同時下鍋的食材耐煮程度應力求一致，耐煮的食材應該先放入煲鍋中燜煮，起鍋前加入不耐煮的材料同煮。其次，當材料依序放入煲鍋後，加水燜煮時應注意：水量必須一次加足（通常乾煲以淹過食材為準，湯煲需視個人對湯汁清澈濃稠偏好而加減斟酌）。至於調味材料，除了薑母、八角、肉桂與當歸之外，亦可利用咖哩，至於醬汁則以蠔油醬、柱侯醬或魚露較為適合，醬油不宜。

煲菜之外，本章還介紹兩種作法簡單的滾湯，口感比較清淡，所需時間短，適合繁忙的個人與家庭。

紅燒羊腩

材料

- 羊腩……900公克★
- 香菇……4朵
- 荸薺……4顆（選用）
- 冬筍或綠竹筍……1至2枝
- 生薑或薑母……半根
- 蒜頭……10至12瓣★
- 香菜……2株

調味料

- 麻油……2大匙
- 紹興酒……2大匙
- 蠔油……1/3杯
- 魚露……1/2大匙
- 糖……1小匙
- 白胡椒粉……適量
- 太白粉……1/2大匙

作法

1. 所有食材洗淨。羊腩切塊，以滾水汆燙3分鐘後取出，冷水沖涼。
2. 香菇用水泡開後，香菇水留著備用，每朵香菇依大小對切成4～6塊；荸薺削皮，每顆對切4塊備用。
3. 冬筍剝殼後切片；薑切片；蒜頭切丁；香菜洗淨切碎備用。
4. 砂鍋放入麻油2大匙，以小火把薑片炸乾後（約5至10分鐘），放入蒜丁爆香，再將汆燙過的羊腩放入以中火翻炒至完全熟透。
5. 加紹興酒、蠔油、白胡椒粉、糖及魚露與羊腩塊翻炒拌勻，最後加香菇水及水直到覆蓋羊腩，轉小火，燜至羊腩軟爛（約1小時）。
6. 接著放入香菇、筍片及荸薺煮滾10分鐘。
7. 上桌前，太白粉加水調成芡汁勾芡，最後撒上香菜碎，關火，即可原鍋上桌。

魚露牛腩煲

材料

- 牛腩……600公克
- 白蘿蔔……300公克
- 乾花生……150公克
- 陳皮……1至2片
- 紅蔥頭……4顆
- 生薑片……4片、2片
- 蒜頭……4至6瓣
- 青蔥……2根

調味料

- 紹興酒……3大匙
- 魚露……2大匙
- 冰糖……1小匙
- 豬骨高湯……100毫升
- 太白粉……1大匙
- 麻油……適量

作法

1. 牛腩洗淨，去除多餘肥脂後，切塊。
2. 白蘿蔔去皮，切滾刀塊；蒜頭去膜切末；陳皮泡軟；青蔥洗淨切段；乾花生洗淨；紅蔥頭切丁。
3. 取一湯鍋加水煮滾，將牛腩、生薑片4片及蔥段一起放入滾水煮3分鐘，取出牛腩，以冷水沖洗乾淨。
4. 取一砂鍋，放入1/3杯油加熱至起煙，爆香紅蔥頭丁、薑片2片及蒜末後，再放入牛腩塊及花生翻炒片刻，接著加入陳皮、紹興酒、魚露、冰糖、豬骨高湯及水煮滾（以蓋過牛腩及花生為原則），轉小火，燜到牛腩完全軟透。
5. 將白蘿蔔塊放入砂鍋中，再煮10至15分鐘。
6. 起鍋前加入太白粉勾芡，滴上麻油即可原鍋上桌。

掌握港式煲菜的關鍵

港式煲菜係指以砂鍋所料理的菜餚，一般習慣在烹調後，即以原鍋上桌。港式煲菜著重原汁原味，講究醬料品質，如蠔油及淡色醬油（即港人所稱的生抽）都是料理時的重要關鍵，煲菜很常見到這類醬料的使用。

由於食材以砂鍋料理，水分不易流失，如何拿捏適量醬料是港式煲菜成敗關鍵。不過，砂鍋烹調技術較易掌握，所以港式煲菜對不常煮菜的人而言，是一種值得嘗試的料理方式。

煲菜另一項優點就是無論何時上菜，只需將原砂鍋加熱後便可上桌食用，這對忙了一天的人非常方便。

烏參青花煲

材料

- 已發好的烏參或刺參……600公克
- 蝦子……10隻（選用）
- 青花菜……1顆（或生菜半顆）
- 生薑……8片
- 青蔥……2根

調味料

- 紹興酒……2大匙
- 豬骨高湯……1/3杯
- 蠔油……1/3杯
- 糖……1/2大匙
- 白胡椒粉……適量
- 太白粉……1大匙
- 麻油……適量

作法

1. 所有食材洗淨。青蔥切段；烏參切塊（不要太小）；蝦子去頭及沙腸，以滾水汆燙至8分熟，去殼留尾。
2. 青花菜切小欉，取一湯鍋加水煮滾，加少許麻油汆燙3分鐘後撈起（若選用生菜可略過此步驟）。
3. 原湯放入烏參、薑片2片及一半的青蔥段煮5分鐘後，撈起烏參。
4. 取一砂鍋，放入3大匙油加熱至起煙，爆香剩餘的生薑片及青蔥段後，放入烏參翻炒片刻，再加入紹興酒及豬骨高湯，轉小火將烏參燜煮至軟透。
5. 加入蠔油、糖及白胡椒粉煮滾，再加入太白粉勾芡。
6. 起鍋前，將燙熟的青花菜或生菜及蝦子放入砂鍋內與海參拌勻，滴上麻油即可原鍋上桌。

咖哩螃蟹煲

材料

- 大公蟳（沙公）……1隻
- 豇豆……300公克
- 青蔥……1根
- 洋蔥……半顆
- 蒜頭……4至6瓣

調味料

- 紅咖哩粉……1/3杯（或海鮮用咖哩塊……4塊）
- 淡色醬油……1大匙
- 白胡椒粉……1小匙
- 豬骨高湯……半杯
- 米酒……2大匙

作法

1. 所有食材洗淨。洋蔥切丁；豇豆切段；青蔥切蔥花；蒜頭切末。
2. 螃蟹除去上蓋中的沙囊及蟹體中的肺囊，將蟹體切成數塊。
3. 取一砂鍋，放入1/3杯油加熱至起煙，轉小火炒香蒜末、洋蔥丁及紅咖哩粉，再放入螃蟹塊繼續翻炒，接著加入淡色醬油、白胡椒粉炒勻，最後加入豬骨高湯、米酒、豇豆，以小火煮滾。
4. 起鍋前，撒上蔥花即可原鍋上桌。

廚房筆記

若買不到大公蟳，亦可買青蟹、旭蟹（海臭蟲）或花蟹取代。

草魚皮蛋豆腐湯

材料

- 新鮮草魚中段……300公克
- 皮蛋……3顆★
- 香菜……2株
- 醬瓜……2至3塊★
- 嫩豆腐……1塊

調味料

- 米酒……適量
- 太白粉……1大匙
- 豬骨高湯……半杯
- 麻油……適量
- 鹽……適量

作法

1. 草魚剖半後，橫切為約1至1.5公分寬片段，以米酒略微醃漬草魚片5分鐘，再以太白粉1大匙裹勻。
2. 香菜洗淨，切除根部留用，根部可用於煮湯，有退火功效。其餘部位切成細花；醬瓜切片；嫩豆腐切小片；皮蛋對切成8小塊。
3. 備一湯鍋，加水1500毫升、豬骨高湯、皮蛋、香菜根、醬瓜加熱，煮滾後再續煮30分鐘。
4. 太白粉1大匙與水調勻，倒入湯中勾芡，再放入草魚片、嫩豆腐塊，待水再度煮滾後約1分鐘關火。
5. 起鍋前，加麻油及鹽調味，撒入香菜碎即可。

廚房筆記

在〈作法3〉中將皮蛋入湯熬煮三十分鐘，使皮蛋煮化，湯汁呈墨綠色，口感更為順口，此為正統港式皮蛋湯的作法。

海帶芽皮蛋湯

材料

- 胛心肉……150公克
- 乾海帶芽……5公克★
- 嫩豆腐……1塊
- 皮蛋……3顆★
- 青蔥……2根

調味料

- 米酒……適量
- 太白粉……適量
- 豬骨高湯……1/3杯
- 鹽……適量
- 麻油……適量

作法

1. 豬肉洗淨切薄片，以米酒略為醃漬5分鐘，再以太白粉裹勻；青蔥洗淨，切成細花備用。
2. 乾海帶芽以冷水泡開；嫩豆腐切小片；皮蛋對切成8小塊備用。
3. 備一湯鍋，放入水1200毫升、豬骨高湯、皮蛋，煮滾後再續煮20至30分鐘。
4. 放入豬肉片、海帶芽及嫩豆腐，待水滾後1分鐘關火。
5. 起鍋前，加鹽與麻油調味，撒上蔥花，即可上桌。

廚房筆記

若不用蔥花提味，可以選擇將香菜切碎，上桌前撒入即可。

皮蛋入湯的港式美味

以上兩道湯是香港人常喝的湯品，烹調時間不長、作法簡單，更重要的是營養好吃，下班後若是趕時間做菜，這兩道湯品就能幫上大忙了。

皮蛋湯顧名思義要用到皮蛋，一般臺式料理很少用皮蛋煮湯，但港式料理喜愛將皮蛋放入湯煮。皮蛋魚片湯另一個不可或缺的配角是香菜，香港人在夏天特別喜歡以香菜入湯，將香菜根放入湯中熬煮，有助於降火消暑，至於其他的食材可以隨個人的喜好增減。

草魚皮蛋湯中的草魚可用鯊魚或海鰻替代，基本上只要選用肉質細軟的魚類皆可。魚片需用太白粉揑過，煮出來的口感才會細嫩；醬瓜則要先入湯煮出醬色及甘甜味道。之後，便可以放入魚片及豆腐片。我個人喜歡勾芡（不勾芡也可），如此湯看起來比較漂亮，最後放香菜就可上桌。

另一道海帶芽皮蛋湯的港式作法，亦可改用紫菜。由於乾紫菜有沙，下鍋前須確定沙粒是否去除。但紫菜不如海帶芽耐煮，也不如海帶芽煮來好看。

這兩道皮蛋湯，最大的差異是：草魚皮蛋湯的主味道來自醬瓜及香菜；海帶芽皮蛋湯的主味道則來自海帶芽，最後須加入蔥花。掌握這兩個要點，其他的配料都不拘，可隨個人喜好加減。

牛肉燉清湯

材料

• 牛肉……1200公克（板腱或三叉腱肉質較佳）
• 當歸頭……1顆★
• 乾鮑魚……2粒（干貝亦可……5顆）★

調味料

• 米酒……半杯
• 白胡椒粒……20粒
• 魚露……1/8杯
• 香菜碎……適量（選用）

作法

1. 乾鮑魚用熱水泡3小時後取出。
2. 牛肉洗淨切塊，滾水汆燙3分鐘，取出。
3. 將當歸頭、米酒、白胡椒粒、魚露、牛肉及泡開的乾鮑魚加2000毫升水煮滾，再移入壓力鍋，煮25分鐘；不用壓力鍋，則須煮一個半小時。
4. 上桌前，若湯頭鹹度不夠，可酌加魚露調味，最後撒些香菜碎即可食用。

廚房筆記

板腱，位於肩胛骨，梅花牛肉及嫩肩里肌即出於此處。三叉，又稱鵝頸，位於外側後腿肉，口感較韌。

一味當歸頭，燉出牛肉清湯撲鼻香

牛肉清湯的重點在於湯頭的製作，若要突顯牛肉的原汁原味，湯頭應力求簡單，不能太複雜。不少知名餐廳的牛肉清湯便強調湯頭以雞骨或雞肉熬煮，而更多店家則是用牛骨熬煮，這些作法各有特色。不過我的牛肉清湯比較不一樣，係以鮑魚乾或干貝加魚露熬煮高湯，再放入適量當歸頭和白胡椒粒除去牛肉腥味。牛肉清湯的湯頭講究清澈，如果以中、大火熬煮牛骨高湯，不僅不容易熬出能襯托牛肉鮮味的湯頭，熬出來的乳白色湯頭與牛肉亦不相配，且牛骨只送不賣，與牛肉店交情不夠，不容易取得牛骨；至於利用雞骨小火慢熬，少說也要七、八個小時，且雞湯鮮味香氣不重，因此這些作法都不是很適合在家裡做。

熬煮牛肉清湯所使用的乾鮑魚與干貝，等級不需要太好，小顆乾鮑魚或碎干貝粒即可，熬出來的湯色一樣可以很清澈。若要講究一點，熬煮湯頭時，將鮑魚、干貝放入滷包袋中，湯熬好後再取出就可以了，最後加魚露的用意則在突顯牛肉湯的鮮味。

牛肉去腥，除了需要滾水汆燙這個步驟外，當歸頭也是必備的材料，當歸頭去除肉類或魚類腥味的效果很好，我相當愛用，畢竟日常所吃的牛肉並非都是特選上好的部位，難免會有腥味。當歸頭稱不上有什麼療效，多半用於做菜，中藥店若買不到，則可到南北貨店鋪購買，一千二百公克的牛肉加一顆當歸頭即可，我比較不建議用當歸片，除了當歸味道較當歸頭重外，亦容易煮爛，讓湯色變得濃濁。

不少餐廳的魚湯常加入當歸頭去腥，後來我試做牛肉燉清湯時，也試著加當歸頭進去，說也奇怪，原有的腥味都不見了，而且當歸頭會讓湯汁變甜。很多餐廳都宣稱他們的牛肉湯所加入的中藥材有多神祕，而我的牛肉燉清湯只要靠一味當歸頭，就能讓整碗清湯飄出淡淡的當歸味，完全不輸給神祕中藥材。此外，亦可另外準備一鍋水來煮麵條，再將煮好的麵條放入牛肉清湯內，即成一碗可口的清湯牛肉麵，不會讓麵條影響了湯頭的美味。

這道清湯亦可用牛雜替代牛肉，本地牛雜可至專賣國產牛肉的店鋪訂購，只是一次購買的分量必須很大，對小家庭而言，有些不方便，但可以將牛雜分為數份放入冰箱冷凍，每次拿一份出來煮即可。

蔬菜羊肉鍋

材料

- 帶皮羊肉……900公克（以羊頸部位為佳）★
- 薑母……1根（選用）
- 蒜頭……10瓣★
- 蔬菜組（以下擇一選用）
- 青蒜……2根，斜切
- 大頭菜……2顆，切塊
- 芥菜心……3顆，切塊
- 筍……2支，切滾刀塊
- 番茄……2顆，切塊
- 蘿蔔……1顆，滾切
- 苦瓜……2顆，切塊

調味料

- 黑麻油……4大匙
- 米酒……半杯
- 鹽……適量

作法

1. 所有食材洗淨。薑母切片；蔬菜洗淨，切成適當大小。
2. 羊肉切塊，滾水汆燙3分鐘以後撈起，以冷水沖涼瀝乾。
3. 取一砂鍋加入黑麻油以小火加熱，放入薑片炸乾（約10至15分鐘），轉中火，將汆燙後的羊肉入鍋翻炒5分鐘。
4. 加水蓋過羊肉塊，水滾後加米酒再轉小火續煮1小時，接著放入蒜頭及蔬菜，待煮軟後加鹽調味，即可起鍋上桌。

廚房筆記

可省略〈作法3〉以薑母片翻炒羊肉的步驟，直接將汆燙過的羊肉放入砂鍋裡煮。

第六章

中外料理大對決

本章旨在透過中西料理的「對決」，讓讀者了解到中外料理在使用調味料、香料和準備醬汁有顯著不同，尤其是西式料理醬汁作法繁複。一般人在家不會為了煮一道西式主菜料理，而備齊所有的調味料、香料，所以西式料理中主菜不在本章介紹範圍內。除非你想專研西式料理，就得先去找幾本好的西洋食譜著手，否則，想吃就找一家好吃的西餐廳。

臺灣從南到北，不管小吃店、西餐廳或便利商店大都供應「義大利麵」，每家口味各有不同，是臺灣人最喜愛的西式麵點，臺灣「義大利麵」大部分已在地化，與國外正統的義大利麵差異很大。其實，正統義大利麵食材不難取得，且作法亦不繁複，關鍵在於如何將麵煮熟，讀者可以仔細體會。

臺灣家庭用餐習慣有湯，除了第五章已介紹的煲湯與滾湯外，本章再介紹泰式海鮮湯，幾種西式濃湯和港式南瓜排骨湯，讓家庭餐桌湯色的選擇更加多元豐富，作法不難而且材料方便取得，值得一試。

番茄牛肉湯

材料

- 牛腱……1200公克（以板腱或三叉腱為最佳）
- 洋蔥……半顆
- 番茄……3至4顆★
- 辣椒……2根
- 八角……8顆

調味料

- 豆瓣醬……半杯★
- 糖……1大匙
- 魚露……適量★

作法

1. 洋蔥切丁；辣椒切段；番茄用滾水淋燙後，去皮切塊；牛腱洗淨，切塊（4至5公分見方），滾水汆燙3分鐘後取出。
2. 豆瓣醬放入果汁機打碎備用。
3. 起油鍋，油燒熱後，轉小火炒洋蔥丁，待洋蔥丁炒至透明後，加入辣椒段炒香，最後加糖炒至熔化。
4. 倒入豆瓣醬炒香後，牛腱入鍋翻炒至熟，接著再加入番茄塊繼續翻炒至番茄軟爛後，加水2400毫升與八角一起煮滾。
5. 將煮滾的牛肉塊及湯頭放入壓力鍋，煮25分鐘或湯鍋煮一小時半，取出後加適量魚露調味。
6. 若要煮番茄牛肉麵，另取一鍋加水煮滾，放入麵條煮熟後撈出過冷水置於麵碗中，再放入牛肉湯，即可食用。

廚房筆記

1. 若不在意豆瓣醬的顆粒，可略過〈作法2〉。
2. 若想要讓番茄牛肉湯色更鮮紅，可於〈作法4〉加入適量番茄汁或番茄糊。

番茄牛肉湯的美味條件

這裡的番茄牛肉湯不使用醬油，只用豆瓣醬，因為醬油不耐久煮，湯汁會產生酸味。豆瓣醬有顆粒粗細之分，醬油工廠生產的豆瓣醬較稀，豆瓣顆粒較小且較細；專做豆瓣醬的工廠所生產的呈濃糊狀好像豆沙，顆粒較多較粗，這兩種豆瓣醬都可用來做番茄牛肉湯，而我較偏好專業豆瓣醬工廠生產的豆瓣醬。

番茄牛肉湯放入洋蔥是參酌西式蔬菜牛肉湯的作法，不放也可以，番茄應去皮，口感才比較好。至於牛肉的部位選擇，還是以半筋半肉的板腱或三叉腱最佳，其筋肉分布比例均勻適中，口感較好；若選用牛腱，挑選標準就是以筋的分布是否均勻來判定，無論如何，做番茄牛肉湯的牛肉千萬不能使用無筋的部位，否則口感會大打折扣。

番茄牛肉湯煮好後，若覺得味道太淡，我建議加魚露而不加醬油，因為魚露與牛肉、番茄超級配，可讓味道更好。如何判斷一瓶魚露品質好壞，關鍵不在顏色深淺，而是搖晃瓶身後，觀察產生的泡沫是否細緻而持久，若是，就是好魚露。

牛肉麵是一道全家大小皆宜，且最具臺灣特色的麵點，不僅可以在家裡製作湯頭，還可以一次做多一些，分裝成包後冷凍，想吃的時候拿出來加熱，再下點麵條就是一碗香噴噴的牛肉麵了。

牛肉麵吃來吃去，我覺得做得好的店家不多，其中一個關鍵就是沒有使用好的豆瓣醬及番茄。記得十餘年前，我到一家位於杭州南路上的牛肉麵店用餐，看到桌下擺了不少番茄糊罐頭，單用番茄糊固然會讓湯汁顏色較鮮豔，但少了新鮮番茄的果香味。若是牛肉麵湯色過深，這是由於醬油的黑蓋過番茄的紅，而且使用醬油會讓湯頭味道變酸、變得過於複雜，建議盡量避免。

現在還有一些牛肉麵店以添加多味中藥材自豪，我認為這也不需要，牛肉麵的味道講求層次，若湯頭因為放了過多的中藥而變得太複雜，以至於蓋過牛肉原味也不對。其實只要幾顆八角，最多再加點肉桂枝，即可表現出番茄牛肉湯的層次感。我對《香料共和國》這部希臘電影印象很深刻，劇中祖父對孫子說料理肉類時都要加肉桂，因為兩者在一起會出現奇妙的化學變化；還告訴孫子，如果夫妻吵架，吃了添加肉桂的肉丸子就會和好。不過番茄牛肉麵裡肉桂枝不能加太多，一點便足夠提味，而且，切記，不要使用肉桂粉。

西班牙烘蛋

材料

- 雞蛋……4顆
- 大型馬鈴薯……1顆
- 洋蔥……2/3顆

調味料

- 白胡椒粉……適量
- 鹽……適量
- 橄欖油……1杯★

作法

1. 馬鈴薯洗淨，削皮切薄片；洋蔥去皮，切細絲；雞蛋打成蛋汁。
2. 起油鍋，加入半杯橄欖油，將馬鈴薯片及洋蔥細絲炒軟（可加蓋燜一下，但不要炒焦，若馬鈴薯片開始斷裂，表示已經有點過熟），取出放涼。
3. 將馬鈴薯片、洋蔥細絲與蛋汁混合均勻，並加白胡椒粉及鹽調味。
4. 取一小型不鏽鋼平底鍋，清洗乾淨後加熱，待鍋充分受熱後，轉小火，加半杯橄欖油，即可倒入蛋汁，不蓋鍋蓋，烘25至30分鐘，至表面蛋液近乎收乾。
5. 將鍋內的烘蛋倒扣於盤子裡，再移回鍋內裡煎另一面（約5分鐘），關火，將烘蛋置於鍋中續燜約5分鐘，即可上桌。

廚房筆記

1. 製作這道烘蛋時，通常會使用小型銅鍋，其特性為導熱均勻，可使蛋汁均勻受熱；但小型銅鍋在一般家裡不常見，所以可用小型不鏽鋼平底鍋替代。
2. 這道菜沒有使用特殊材料或調味，主要的滋味來自選用的橄欖油。

慢火出細活——自學西班牙烘蛋

徐光蓉教授

西式的餐點很常用到洋蔥，這道西班牙烘蛋也不例外。烘蛋的材料非常簡單，就只有洋蔥、馬鈴薯和雞蛋，但烹調過程就得考驗主廚的耐性和功力了，因為烘蛋完成時，外型要像蛋糕，吃起來口感也要溼潤、綿密，如此才算成功。

我第一次注意到這道菜是因《紐約時報》的報導，後來又在旅遊節目上看到有些大廚可以把蛋烘得既厚又漂亮，便不禁心動想做做看。我習慣用單柄不鏽鋼鍋來做這道烘蛋，鍋面不需要太大，約五或六吋即可。用不鏽鋼鍋做烘蛋，一開始的熱鍋非常關鍵，熱度不夠，一定不會成功，熱過頭了，食材一下鍋就焦了。

如何判斷不鏽鋼鍋是否夠熱了？我的方法是在鍋中滴幾滴水，如果水滴下去就散開，表示加熱不夠，蛋汁下去會黏底；如果看到水珠不散開，保持一顆顆快速滾動狀，就可以倒入少許橄欖油潤鍋，火要調到最小，接著把蛋汁倒入鍋中。我通常是用瓦斯爐最裡圈的母火轉最小來慢慢烘，而且不蓋蓋子烘約二十五分鐘，等表面也大致凝固時再翻面。翻面時需要使用輔助工具，例如用盤子蓋上鍋子，然後把鍋子倒扣，鍋子裡的烘蛋就很容易地扣在盤中，接著再把烘蛋滑進鍋內，續烘五分鐘就完成了。

烘好的蛋通常切成派狀呈盤，可以熱吃也可以冷食，有時候我會早起做這道烘蛋當成全家的早餐。

選對鍋具響應環保

有人做烘蛋是選用不沾鍋，我想使用不沾鍋應該比較容易做，可是我不用不沾鍋，因為一不小心刮傷就容易釋放出有毒物質。現在市面上的不鏽鋼鍋很多，好的鍋具只要一點火力，其導熱、加熱均勻，且保溫的效果也非常好。我們家也不用整天要插著電的日式熱水瓶，這種熱水瓶耗電，也不環保。對於時時刻刻都需要熱水的家庭，這種電熱水瓶可以省去頻頻加熱的麻煩，能源消耗的差別不大，但如果像我們白天在外工作，熱水用量不多，可以改用保溫效果非常好的保溫瓶，一天只要燒一次水，用剩的放在保溫瓶裡，二十四小時之後仍能保溫在攝氏六十度左右。到歐洲出差或旅行時，你會發現旅館提供的都是保溫瓶。

其實節能減碳不是口號，可以從改變日常生活用具與小家電開始。節能不是鼓吹大家回歸原始生活，這樣會讓許多人對環境保護卻步；政府同時也應該鼓勵廠商研發品質精良的節能產品，如此不但可以提升臺灣產業競爭力，同時可以讓耗能多、品質差的產品在臺灣市場日漸消失。

義式墨魚麵

材料（3至4人份）

- 透抽或軟絲……400公克
- 蒜頭……8瓣
- 紅辣椒……1根
- 番茄……3顆
- 手工墨魚麵……500公克

調味料

- 白酒……1/3杯
- 巴西里(Parsley)碎……適量
- 特級初榨橄欖油(Extra Virgin Olive Oil)……適量

秘密調味料

- 魚露……適量

作法

1. 透抽（軟絲）去除內臟及外膜，洗淨切段，使其呈短圓筒狀。
2. 蒜頭去膜切末；紅辣椒洗淨切段；番茄以滾水汆燙後，去皮切塊。
3. 取一平底鍋加入橄欖油加熱，以小火炒香蒜末及紅辣椒段，待蒜末呈現金黃色，放入魚露、番茄塊、白酒及透抽以中火煮熟透抽。
4. 同時取一湯鍋加水煮滾，放入手工墨魚麵條煮至「軟中帶硬」程度後撈起，再放入平底鍋以小火與醬汁拌炒，待墨魚麵充分吸收醬汁後，將平底鍋移開爐火。
5. 滴適量特級初榨橄欖油於墨魚麵之上，持續攪拌使橄欖油呈現白色乳液狀，撒上巴西里碎，即可盛盤上桌。

廚房筆記

1. 「軟中帶硬」(al-dente) 程度係指將麵煮至麵心還有些硬，且吃起來嚼勁很足（al-dente，義大利文，通常形容食物吃起來彈牙，有嚼勁）。

2. 麵煮到「軟中帶硬」程度撈起時，煮麵湯汁要瀝到多乾的程度，須視平底鍋醬汁量有多少而定。若醬汁較少，煮麵湯汁就不能完全瀝乾，反而需要一些煮麵湯汁將醬汁做適度的稀釋。

3. 煮義大利麵的要訣是煮麵條時要加鹽，好讓麵條的口感更紮實。

義式螃蟹麵

材料（2至3人份）

- 青蟹或花蟹……1隻（400至600公克）
- 蒜頭……8瓣
- 紅辣椒……1根
- 青蔥……1根
- 乾義大利麵……300公克

調味料

- 白酒……1/8杯、1/3杯
- 義式番茄糊……40毫升
- 巴西里碎……適量
- 特級初榨橄欖油……適量

祕密調味料

- 魚露……適量

作法

1. 將青蟹上蓋剝下，去除上蓋中砂囊及蟹體上的肺囊後用水沖淨，蟹身從中對切為兩塊；依蟹腳順切3至4塊；螯部分則用刀背切開。
2. 蒜頭去膜切末；紅辣椒切細段；青蔥切段。
3. 將1/8杯白酒及蔥段放於青蟹上蓋之中，蒸10分鐘取出，丟棄青蔥段與蟹上蓋，留下白酒醬汁備用。
4. 取一平底鍋加入橄欖油加熱，待油燒熱後，以小火炒香蒜末及紅辣椒段。
5. 待蒜末炒至金黃色時，加入蟹塊翻炒至半熟，再加入1/3杯白酒醬汁及魚露以中火續煮。
6. 待蟹塊熟後，加入義式番茄糊續煮，以中小火將醬汁收到剩1/3左右，將蟹塊移出，置於盤中。
7. 同時取一湯鍋加水煮滾，放入乾義大利麵條煮至「軟中帶硬」程度後撈起，放入平底鍋以小火拌炒，麵條充分吸收醬汁後，將鍋子移開爐火。
8. 滴適量特級初榨橄欖油於麵上，持續攪拌使橄欖油呈現白色乳液狀，再撒上巴西里碎。最後將麵條與蟹塊一起盛盤上桌。

廚房筆記

1. 準備醬汁所用的橄欖油以普通橄欖油即可，但拌麵的橄欖油必須是特級初榨橄欖油。

2. 義大利麵條撈起後，不能用冷水沖涼。

3. 乾義大利麵條亦可用筆尖麵取代。

4. 義式螃蟹麵亦可改為義式海瓜子麵。將螃蟹改為海瓜子四百公克。不用義式番茄糊，但增加蒜頭用量至十瓣。省略〈作法1〉及〈作法3〉，其餘步驟相同。

認識義大利麵條

手工義大利麵條(Pasta Fresca)與乾義大利麵條(Pasta Secca)最大差別在於前者可依需要混合不同麵粉和利用不同食材（如番茄、墨魚汁、菠菜、可可粉）入麵團。使用低筋麵粉所做的麵條較軟，口感較細滑，需要更長的醒麵時間。低筋麵粉中若加入謝茉利那麵粉(Semolina)的比重愈高，則麵的彈性與黏性就愈強。使用低筋麵粉的好處是麵團容易成形，而謝茉利那麵粉含量愈高，就愈難用手擀平，須借助電動或手動製麵機揉麵或擀麵。

手工義大利麵條因需擀平，所製成的多屬扁平麵，依粗細可分義大利扁平細麵(Tagliolini)、義大利寬麵(Tagliatelle)、義大利寬扁麵(Pappardelle)和義大利麵皮(Lasagna)。至於作法建議可參考製麵機所附的手冊或義大利麵食譜。

乾義大利麵條是由具有獨特口感與風味的謝茉利那麵粉製成的。謝茉利那麵粉係由硬殼的杜蘭小麥(Durum Wheat)碾磨而成，此種麵粉為粉粒較粗的高筋麵粉，至於粉粒較細的高筋麵粉則稱為杜蘭麵粉(Durum Flour)，做出來的麵條彈性佳、具有咬勁，久煮也不易爛，適合製作乾義大利麵。

乾義大利麵條基本上可分長型麵及短型麵，長型麵依麵條的粗細分類，由粗到細可概分為義大利麵(Spaghetti)、義大利細麵(Fedelini)和天使之髮(Capellini)；而短型麵的外型變化多端，如蔥管麵(Rigatoni)、筆尖麵(Penne)等中心有孔的通心麵，以及蝶型麵(Farfalle)、貝殼麵(Conchiglie)和螺旋麵(Fusilli)。

至於麵的選擇應考慮與醬汁的搭配。味道濃厚的醬汁適合搭配較粗、較寬的麵，味道清淡的醬汁則必須搭配較細的麵。這些麵在一般超市或義大利食品專賣店都買得到。

同場加映

義式海鮮麵

材料（3～4人份）

- 新鮮淡菜或鮮貝……4顆
- 帶殼全蝦……8隻
- 白肉魚……100公克
（馬頭魚、白毛、比目魚）
- 透抽或軟絲……100公克
- 胛心肉……50公克
- 洋蔥……半顆
- 番茄……2顆
- 紅蔥頭……2顆
- 蒜頭……8至10瓣
- 紅辣椒……1根
- 義大利麵條……500公克

調味料

- 白酒……1/3杯
- 胡椒粉……適量
- 義式番茄糊……1/8杯
- 羅勒葉或九層塔……2根
- 巴西里碎……適量
- 特級初榨橄欖油……適量

祕密調味料

- 魚露……適量

作法

1. 所有食材洗淨。蝦子去頭及沙腸；魚切小塊；透抽切段；胛心肉切薄片。
2. 番茄以滾水汆燙後，去皮切塊。
3. 洋蔥切丁；紅蔥頭與蒜頭切末；紅辣椒切小段；羅勒葉切細花。
4. 取一平底鍋，加入橄欖油加熱，待油燒熱後，轉小火先炒洋蔥丁，再炒香蒜丁、洋蔥丁、紅蔥頭丁及紅辣椒細花，最後放入胛心肉炒熟。
5. 加入所有海鮮材料、魚露、義式番茄糊、番茄塊及白酒續煮。待海鮮食材熟後，取出所有食材，只留醬汁於平底鍋中。
6. 取一湯鍋加水煮滾，放入乾義大利麵條煮至「軟中帶硬」後撈起，放入平底鍋中拌炒，使麵條充分吸收醬汁後，將鍋子移開爐火。
7. 滴適量特級初榨橄欖油於麵條

之上，持續攪拌讓特級橄欖油呈現白色乳液狀，再加入海鮮食材及胛心肉攪拌均勻，撒上羅勒葉碎、巴西里碎及胡椒粉，即可盛盤上桌。

同場加映

廣式蠔油炒麵

材料

- 臺南意麵……300公克
- 洋蔥……1/2顆
- 豆芽……100公克
- 韭黃……50公克
- 青蔥……1根

調味料

- 黑豆油……1大匙
- 蠔油或素蠔油……1大匙
- 糖……1茶匙
- 白胡椒粉、鰹魚粉……適量
- 水……2大匙

作法

1. 取一鍋將水加熱，待水滾熄火，放入臺南意麵，加少許麻油，用筷子弄散麵條後，靜置2分鐘，將臺南意麵撈起隔水，並不時用筷子撥鬆，讓麵冷卻，不黏在一起。
2. 洋蔥去頭尾、外皮後切絲，豆芽洗淨，青蔥、韭黃切段備用。
3. 將調味料調成蠔油醬汁備用。
4. 取一平底鍋加熱，鍋熱下油（2大匙），油熱後轉中火將煮好的意麵放入鍋中鋪平，不時搖動平底鍋，讓意麵不會黏底，三分鐘後翻面，繼續上一動作。最後，用筷子將麵撥散，讓意麵均勻受熱。撥散後起鍋備用。
5. 將平底鍋倒入4大匙油，油熱後，先放入洋蔥絲翻炒，再放入豆芽及意麵，轉中小火用筷子翻炒拌勻，再將一半的蠔油醬汁沿鍋邊倒入鍋中，另一半直接放入意麵上後，加入青蔥、韭黃，繼續用筷子拌勻。

廚房筆記

1. 廣式炒麵一般多用全蛋麵，但臺灣蛋麵和香港、廣東的全蛋麵不盡相同，這裡改用臺南意麵。
2. 用筷子炒麵及炒米粉，方便又好用，值得一試。

曼哈頓蛤蠣濃湯

材料（2至3人份）

- 培根……50公克（或4條）
- 淡菜或海瓜子……300公克
- 番茄……2顆
- 中型馬鈴薯……2顆
- 紅蘿蔔……半根
- 洋蔥……1顆
- 蒜頭……6瓣
- 西洋芹……2根

調味料

- 奶油……45公克
- 義式番茄糊……1大匙
- 白胡椒粉……適量
- 月桂葉……3片
- 巴西里碎……2小匙
- 百里香（Thyme）……適量
- 鹽……適量

作法

1. 所有食材洗淨。洋蔥與蒜頭切丁；馬鈴薯及紅蘿蔔削皮切丁；西洋芹切丁。
2. 番茄用滾水淋燙去皮後，切丁備用。
3. 培根切小塊；淡菜取出肉後，用刀剁成碎丁備用。
4. 取一湯鍋用奶油加熱，將培根翻炒至出油後，再放入洋蔥丁炒至半透明狀。
5. 將馬鈴薯丁、西洋芹丁放入鍋中，加水蓋過食材，煮至馬鈴薯丁略為變軟。
6. 接著加入淡菜丁、番茄丁、紅蘿蔔丁，加水蓋過食材，以小火煮滾後續煮1小時，不定時攪拌避免沾鍋。
7. 起鍋前，加入義式番茄糊、蒜丁、白胡椒粉、月桂葉、巴西里碎及百里香攪拌均勻，最後加鹽調味，關火即可上桌。

波士頓蛤蠣濃湯

材料（2至3人份）

- 培根……50公克
- 淡菜或海瓜子……300公克
- 洋蔥……1顆
- 中型馬鈴薯……2顆

調味料

- 奶油……45公克
- 百里香……1/4小匙
- 胡椒……適量
- 鮮奶油……2杯
- 巴西里碎……2小匙
- 鹽……適量

作法

1. 所有食材洗淨。洋蔥切丁；馬鈴薯削皮切丁。
2. 培根切小塊；淡菜取出肉後，用刀剁成碎丁。
3. 取一湯鍋以奶油熱鍋，培根先以小火煎出油，加入洋蔥丁以小火炒至軟，接著加入馬鈴薯丁及百里香，加水蓋過食材，燜煮至馬鈴薯變軟糊狀。
4. 加入淡菜丁略為攪拌。
5. 加入鮮奶油煮至表面開始起泡後關火，加胡椒及鹽調味，撒上巴西里碎即可裝盛上桌。

廚房筆記

如果擔心鮮奶油太油膩，可以改用一半牛奶一半鮮奶油。

將馬鈴薯煮化的美式濃湯

徐光蓉教授

這裡介紹的兩道濃湯——曼哈頓蛤蠣濃湯與波士頓蛤蠣濃湯，是餐廳很常見的湯品，也是許多美國留學生涯的記憶之一，而我在食譜裡選用淡菜，也是美國常見的食材。

曼哈頓蛤蠣濃湯屬於番茄口味，蔬菜較多，湯色偏紅；波士頓蛤蠣濃湯則是奶味較重，湯色看起來屬於奶白色。這二種濃湯的基本材料都差不多，都用到淡菜（或海瓜子）、洋蔥、馬鈴薯，這些食材一年四季都找得到。不同的是，曼哈頓蛤蠣濃湯要放入番茄丁或芹菜等，有的人為了增加湯的香氣，還會放入蒜末和培根肉；而波士頓口味則不放番茄，而是加入鮮奶油。

這二道湯之所以成為濃湯，不是因為勾芡，也不是炒奶油糊，而是將馬鈴薯丁煮化的效果，但如果喜歡在湯中吃到馬鈴薯顆粒，也可以在烹調過程中，讓部分馬鈴薯丁稍晚下鍋同煮即可。

這二道美式濃湯非常容易烹調，我在美國讀書時，常常一個人煮一大鍋，要吃的時候就挖一些出來直接吃，或是搭配著飯、麵便是一餐了。在臺灣做這道菜就不一定得用淡菜，我覺得只要是貝類都可，加入其他海鮮也無妨，也有人直接將烤過、多出來的魚肉做成Fish Chowder（巧達魚湯）。

南瓜湯

材料

- 南瓜……1顆（直徑約20至25公分）
- 洋蔥……1顆
- 紅蘿蔔……1根
- 法國麵包……1條（約25公分長）
- 蒜頭……3至4瓣

調味料

- 無鹽奶油……60公克、60公克
- 白酒……2/3杯
- 高湯……6杯
- 鮮奶油……1/2杯
- 巴西里碎……適量
- 鹽……適量

作法

1. 南瓜削皮，去除南瓜籽及內囊後切塊，放入電鍋蒸軟（約20分鐘）。
2. 洋蔥去皮切丁；紅蘿蔔洗淨，削皮切丁。
3. 法國麵包切1公分薄片，備用。
4. 取一湯鍋，以小火加熱60公克奶油至融化後，放入洋蔥煎至略軟略黃，再加入白酒繼續加熱1分鐘。
5. 將紅蘿蔔丁及南瓜塊放入湯鍋，加高湯蓋過材料，加鹽調味後繼續加熱。
6. 南瓜湯加熱的過程中，取另一鍋以60公克奶油熱鍋，將法國麵包煎至兩面全黃取出（奶油不夠可酌加）。將一半的法國麵包片撕成小塊，加入南瓜湯中一起煮，另一半可於喝南瓜湯時搭配食用。
7. 南瓜湯以小火煮約1小時後關火，待湯汁稍涼後，放入果汁機打碎。
8. 將南瓜湯倒回湯鍋，加鮮奶油以小火煮滾後，取蒜頭榨成蒜泥放入，稍微攪拌後關火，撒上巴西里碎，即可裝盛上桌。

廚房筆記

如果有手持攪拌器，就可以省略〈作法7〉，直接將攪拌器放入鍋中攪碎，不必等到放涼再打碎。

同場加映

南瓜排骨湯

材料

- 豬頸骨……200公克
- 南瓜……1/4顆（約350公克）
- 南北杏……半杯
- 水……1200毫升

調味料

- 肉桂條……1支（長約10～15公分）
- 鹽……適量
- 鰹魚粉……適量

作法

1. 南瓜洗淨去皮切大塊，豬頸骨剁成小塊（可請肉舖代為處理）洗淨。
2. 將豬頸骨放入滾水中，汆燙三分鐘撈起用冷水洗淨；再取一湯鍋，放入清水，南北杏、肉桂條及汆燙過的豬頸骨以大火煮滾，半小時後轉中小火，放入南瓜塊續煮一小時，必要時酌加清水。
3. 關火即可食用。

廚房筆記

1. 南北杏（比例為南杏仁4：北杏仁1）有潤肺止咳功效，中藥房有販售。
2. 肉桂條放入湯煮，不僅可增加湯的香氣，亦可中和南瓜較不為人喜歡的氣味，更有助於穩定體內血糖。

泰式酸辣海鮮湯

材料

- 海鮮（任選3種）
  魚肉……300公克（如馬頭魚、青衣、白毛）
  全蝦……4尾
  鮮干貝……2顆
  新鮮淡菜……4顆
  蚵仔……6顆
  蛤蠣……6顆
  透抽或軟絲……1隻
- 番茄……2顆
- 紅蔥頭……6顆
- 紅辣椒……1根
- 新鮮香茅……4根★
- 南薑……4片★
- 乾檸檬葉……4片★
- 九層塔……1把
- 魚腥草葉……6片（選用）

調味料

- 豬骨高湯……半杯
- 魚露……1至2大匙
- 新鮮檸檬汁……半杯

作法

1. 所有海鮮洗淨。魚肉切塊；蝦子去泥腸；透抽切段。
2. 番茄以滾水汆燙，去皮切小塊備用。
3. 紅蔥頭去膜切末；新鮮香茅切小段；紅辣椒切小段；九層塔洗淨切細花；魚腥草葉洗淨。
4. 取一湯鍋加2大匙油加熱，將紅蔥頭末以小火炒香，再放入番茄塊繼續拌炒至番茄軟爛。
5. 放入高湯及水1500毫升煮滾，再放魚腥草葉、乾檸檬葉、香茅段、南薑片煮10分鐘。
6. 將香茅段、魚腥草葉、南薑片及乾檸檬葉撈出，再放入海鮮煮熟。
7. 起鍋前，加辣椒段、九層塔碎、魚露及新鮮檸檬汁調味，即可裝盛上桌。

香料的排列組合潛規則——泰式酸辣海鮮湯

二〇〇九年夏天，我到泰國清邁講學一個月，清邁大學經濟學院教授知道我喜愛美食又喜歡做菜，除了帶我到清邁當地人常光顧的餐廳或小攤吃飯，離開前，他們又央請該學院一位很會做菜的女教授，教我做泰式酸辣海鮮湯及泰式沙拉。這位教授所教的泰式酸辣海鮮湯，不僅保留食物最原始、直接的風味，而且作法很方便，很適合在家烹調。

料理泰式酸辣海鮮湯必須掌握兩個重點：第一，湯中所有的辛香料不耐久煮，否則辛香味盡失。泰式酸辣海鮮湯的湯頭係以新鮮南薑、新鮮香茅和乾檸檬葉為基礎香料。在臺灣能買到的多是乾燥的香料，建議可煮十分鐘使其出味；若能取得新鮮辛香料，時間就得縮短，以免煮久香味盡失。第二是等所有海鮮食材（可隨個人喜好加入）下鍋煮熟後，才放入九層塔、辣椒、魚露及新鮮檸檬汁調味，即可關火上菜。番茄亦不能久煮，才可維持番茄酸味。

泰式酸辣海鮮湯還會加入臺灣常見的「魚腥草」，「魚腥草」在臺灣是以水加冰糖熬煮，飲用據說有助於提升肺部及氣管等呼吸系統功能。雖然新鮮魚腥草味道難讓人接受，但是一經加熱，卻可以很神奇地轉化出難以言喻的香氣。

從料理及語言來看，泰國受印度影響較大，而越南則受中國與法國的影響較深，由於兩國地理位置接近，雖然文字使用完全不同，但語言卻可相通。以下介紹越式與泰式海鮮湯作法及調味料的異同。在兩種酸辣海鮮湯中，主要食材大同小異，至於辛香料方面，越南人會放入蒜頭、洋蔥及香菜等，而且作法也比較費工，會先將蒜頭、紅蔥頭、洋蔥、紅辣椒、新鮮香茅以果汁機打碎後濾出汁液，也使得越式海鮮湯呈現出的湯色完全不同於泰式酸辣海鮮湯。

廚房筆記

1. 南薑(galanga)與薑(ginger)味道完全不同，在市場上偶爾會看到南薑，若無法取得新鮮南薑，可用乾南薑片；若無法取得新鮮香茅，亦可用乾香茅替代。
2. 泰國當地的簡要作法是省略〈作法4〉直接把紅蔥頭放湯內，並在〈作法6〉中待香茅段、魚腥草葉、南薑片及乾檸檬葉撈起後，先放番茄塊煮五分鐘，再放海鮮煮熟。這種作法較不油膩，味道更清淡，值得嘗試。

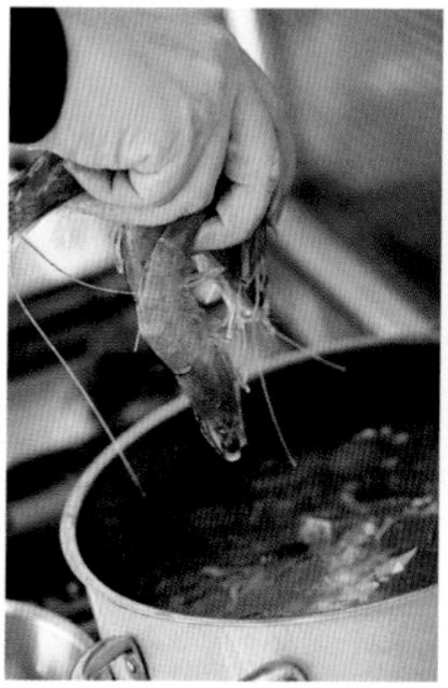

同場加映

越式酸辣海鮮湯

材料1

- 海鮮（任選3種）
  魚肉……300公克（如馬頭魚、青衣、白毛）
  全蝦……4尾
  鮮干貝……2顆
  新鮮淡菜……4顆
  蚵仔……6顆
  蛤蠣……6顆
  透抽或軟絲……1隻
- 番茄……2顆

材料2

- 蒜頭……6瓣
- 紅蔥頭……6顆
- 洋蔥……半顆
- 紅辣椒……1根
- 新鮮香茅……4根

調味料

- 豬骨高湯……半杯
- 魚露……1至2大匙
- 番茄糊……2大匙
- 新鮮檸檬汁……半杯
- 香菜碎……適量

作法

1. 所有海鮮洗淨。魚肉切塊；蝦子去泥腸；透抽切段。
2. 將〈材料2〉與1碗水放入果汁機打碎，過濾出殘渣，保留香料汁備用。
3. 將番茄以滾水汆燙後，去皮切塊。
4. 取一湯鍋加2大匙油加熱，將番茄塊炒香。
5. 將〈作法2〉香料汁倒入湯鍋，再加入高湯及水1500毫升加熱。
6. 待湯煮滾後，放入所有海鮮煮熟，再加魚露、番茄糊及新鮮檸檬汁調味，關火，加香菜碎即可起鍋。

第七章

功夫菜

這一章雖稱之為功夫菜，其中稱得上功夫菜大概只有香酥鴨。香酥鴨、醃篤鮮和獅子頭這三道都可做為辦桌的主菜。醃篤鮮及獅子頭原應列入煲菜，但這兩道菜都有關鍵步驟需要掌握，所以移到第七章，請讀者細心體會。至於香酥鴨在處理食材（鴨）有需要特別留意的步驟，而且烹調上利用新鍋具加以改良，省時省力不少。

至於北方薄餡餅和芥蘭炒年糕較為少見，但美味可口又不難做，值得與讀者分享。

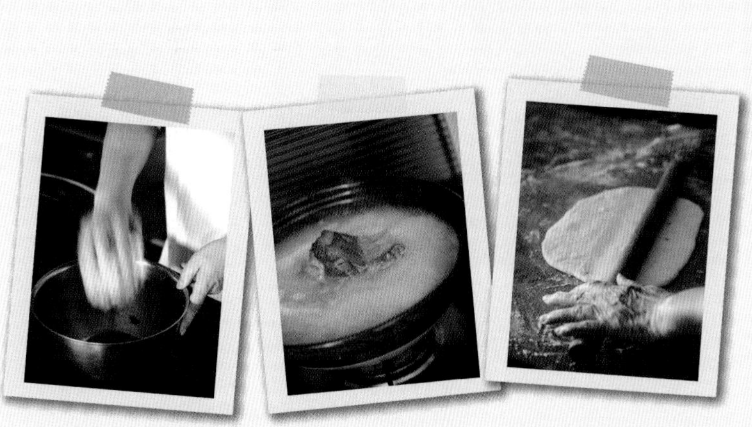

香酥鴨

材料

- 土番鴨……1隻（2500至3000公克）
- 花椒……4大匙
- 八角……2大匙
- 青蔥……6根
- 生薑……1根

調味料

- 鹽……半杯
- 米酒……半杯

作法

1. 鴨子去除內臟後洗淨，剁去鴨頭、鴨頸、鴨翅及鴨腳。
2. 青蔥切段；生薑切薄片；花椒與八角壓碎混合。
3. 以小火將鹽乾炒至變色後熄火，加入花椒及八角碎拌炒，冷卻後取出，均勻塗抹於鴨子外皮及內部，並與青蔥段、生薑片一同裝入塑膠袋，放置冰箱冷藏8至12小時。
4. 將鴨子取出，以手撥去鴨子體內外附著的花椒與八角後，再用水略為沖洗，最後用米酒均勻塗抹於鴨子內外。
5. 取一12公升壓力鍋，加入1/3的水，將鴨置於蒸架上（避免接觸到水），隔水蒸20分鐘，減壓後取出。置於蒸架上前，須先以手掌用力將鴨的胸架及骨頭壓斷。
6. 備一油鍋，大火加熱至油冒煙後，小心將鴨子放入熱油中，並改為中小火，兩面各炸5分鐘，讓鴨皮呈現酥脆狀，最後轉大火炸1分鐘，將油逼出後盛起，趁熱食用。

消失中的功夫菜——香酥鴨

三十年前剛回到臺灣，當時不少館子都還看得到「香酥鴨」這道菜，只是得要先預訂才吃得到。由於我的工作一忙碌起來時常無法預訂，因此吃過幾次香酥鴨後，便決定自己找食譜試做。翻了不少食譜都看不到這道菜，後來找到了一本距今大概有四、五十年歷史的食譜（一九七四年出版的《中國名菜》），總算有香酥鴨的作法了。

打開食譜一看，怪不得餐廳不喜歡做這道菜，原來照食譜上所寫，傳統的作法要先將鴨子蒸三小時，接著才用油炸過，處理食材所耗費的時間過長，不太有效率，而且鴨子蒸了這麼長的時間，精華原味早已不見。心想：若平常自己要在家裡做這道菜，就必須改良作法，第一步便是縮短蒸鴨子的時間，而訣竅就是改用壓力鍋。

我在美國時，便很喜歡用壓力鍋做菜，為了這道菜還特地買了大的壓力鍋，要選寬深型的壓力鍋才能將整隻鴨子放入鍋中架起，而且鴨子蒸熟後也方便取出。有了壓力鍋，料理這道菜的時間起碼節省一半，起初因為壓力鍋還不夠大，必須將鴨骨折斷才放得下，後來換了較大的壓力鍋，沒有放不下的問題了，但鴨皮破掉的機率卻變高了，炸起來不好看。為了邀請名家為這本書寫推薦序，就辦桌請他們，其中有客人指定香酥鴨。為了怕鴨皮破掉，請客當天一早便先蒸鴨，沒想到鴨皮破了，於是趕到南門市場地下室再買一隻鴨，老闆拔毛時，問我鴨要怎麼做，我說香酥鴨。他就說二、三十年前，不少餐廳都有這道菜，都向他訂鴨，而且特別交代送去的鴨體要將骨架壓斷。此時，我才恍然大悟，原來以前壓力鍋小，為了放進整隻鴨，先將骨架壓斷是鴨皮不破關鍵所在，這也是看早期食譜時，為什麼圖片裡的鴨身呈現扁平的原因。

做香酥鴨不易成功的另一個原因是鴨皮太薄，蒸後易破。很多怕油的人喜歡買皮較薄的鴨來做，皮薄脂肪少雖是好鴨，卻不適合做香酥鴨，通常快鍋蒸三十分鐘後，鴨皮容易破，再經過油炸，導致肉乾且體無完膚，此道菜的重點之一「酥」便不復見矣！

過去我都到南門市場買現宰鴨，皮雖薄卻不太適用，最近，我在新北市三芝市場找到了一家賣古早雞有名的雞鴨店（三芝區中山路二段一三三號），問老闆店裡的鴨從哪裡來，他說是父親朋友在宜蘭養的，而他們家的鴨子正好符合香酥鴨皮不能太薄的需求，所以現在請客要做香酥鴨，我都得提早去三芝買。

香酥鴨這道菜上桌時，必須是隻完整的鴨，不需先剁塊。用筷子一夾，若鴨肉立刻骨肉分離，這道菜便算成功。所以判斷香酥鴨做得好不好，一下箸便立見分曉，這也是香酥鴨難做之處——鴨肉要夠爛，但鴨皮不能破碎。

雖然製作香酥鴨的技術門檻高，但經過改良後便容易許多，而且一上桌很容易吸引眾人目光，其美味之處就在於炸得香香酥酥的皮，鴨肉也因為用花椒與八角醃過，不僅除去了腥臊味，更帶著濃厚的香氣，很適合當在家宴客的主菜。

如果是小家庭享用，我就不建議做這道菜，一來吃不完，隔餐吃的口感差很多；而一次若只做半隻更不好，因為鴨肉的水分容易在蒸、炸過程中流失，導致口感乾澀，所以我認為鴨皮需完整包覆鴨肉，才能有好的口感。

其實做一道香酥鴨可同時上三道菜，第二道菜是利用蒸鴨剩下來的精華鴨湯，再加上筍片、海瓜子就是一道香味十足鮮甜的好湯了。最後我也會將剁下來的鴨頭、鴨頸、鴨翅及鴨腳留著，再添加薑片、酸菜煮酸菜鴨湯。

「香」名遠播的招牌菜

記得二〇〇二年擔任高雄市財政局長時，那年的三八婦女節，當時市長謝長廷要求所有男性局處首長各準備一道菜。當天，很多首長不是準備番茄炒蛋就是青椒炒牛肉，由於每人手藝不同，且對何謂理想的口味認知又不大相同，相同的菜色一上桌後就有得比。

當大家聽到我要做香酥鴨，不少人認為我無法在一小時內完成這道功夫菜，但由於廚藝教室設備齊全，空間寬敞，我還是跌破眾人眼鏡，快速地把香酥鴨做出來。接下來大家的菜都上桌了，由於每道看起來都很類似，只有我的香酥鴨與眾不同，因此所有的記者都盯著香酥鴨看。市長巡視時，特別叮嚀要留些香酥鴨給他品嘗，我答應一定幫他留，沒想到市長一聲令下，「開動」不到三分鐘，香酥鴨只剩下骨頭，待他巡一圈回來，問我：「鴨呢？」我指著盤子說：「只剩下這個，我也沒吃到呀！」

此後，謝長廷常說我還欠他一隻香酥鴨，有時他找我做一些吃力不討好的事，只要我稍微面露難色，他就說：「誰叫你欠我香酥鴨！」我也只有答應，但直到現在，謝長廷還是沒吃到，說到這裡，我又想到也還欠我的老師吳榮義這道香酥鴨。

在我家裡吃過這道菜的朋友不少，而像施明德、李昂、蔡康永和吳淡如等人都曾是我的座上賓，有一次錄影時碰到吳淡如，她說偶爾經過我家樓下都會想起香酥鴨，我對她說：「妳只想到香酥鴨，都沒有想到做香酥鴨的人，這樣想吃香酥鴨可能很難嘍！」

至於臺灣的鴨料理較少，現在介紹和香酥鴨作法類似的樟茶鴨與滷鴨，與讀者分享。樟茶鴨與香酥鴨差異處，在於樟茶鴨放入壓力鍋蒸煮前，會加上一道煙燻的手續。

由於鴨肉較不易煮爛，滷起來的效果會比滷雞好，可是大家都覺得鴨皮厚油又多，一鍋滷汁浮著厚厚的一層鴨油容易讓人覺得膩。我小時候看母親滷鴨，會先將生鴨炸過，逼出鴨油後再滷。這種作法的好處是皮不油了，而且經過油炸的程序，鴨肉的香味被鴨皮封住，即使再經過滷的程序，鴨肉的美味還能保留住。

滷鴨的呈現方式與香酥鴨不一樣，是切塊上桌，所以不能滷太久，最多只能一小時。炸鴨時，只要覺得鴨皮變脆即可起鍋，不一定要炸得很熟，而且一次做半隻無妨，隔餐再吃風味猶在。

同場加映

樟茶鴨

材料

- 土番鴨……1隻（2500至3000公克）
- 花椒……4大匙
- 八角……2大匙
- 青蔥……6根
- 生薑……1根

調味料

- 鹽……半杯
- 米酒……半杯

煙燻材料

- 乾茶葉……半杯
- 生米粒……1/4杯
- 糖……半杯

作法

1. 鴨子去除內臟後洗淨，剁去鴨頭、鴨頸、鴨翅及鴨腳。
2. 青蔥切段；生薑切薄片；花椒與八角壓碎混合。
3. 小火將鹽乾炒至變色後熄火，加入花椒及八角碎拌炒，冷卻後取出，均勻塗抹於鴨子外皮及內部，並與青蔥段、生薑片一同裝入塑膠袋，放置冰箱冷藏8至12小時。
4. 將鴨子取出，以手撥去鴨子體內外附著的花椒與八角後，用水略為沖洗，接著將米酒均勻塗抹於鴨子體內外。
5. 將鴨子放入滾水汆燙5分鐘，取出瀝乾、放涼3小時。如同香酥鴨作法，先將鴨體的骨架壓斷後備用。
6. 取一圓底鍋，底部鋪一層錫箔紙，將煙燻材料置於錫箔紙上，放上圓架，蓋上鍋蓋以中火加熱直至起煙，接著將已汆燙置涼的鴨子置於圓架上，蓋上鍋蓋煙燻，待鴨皮呈黃銅色，關火取出。
7. 取一壓力鍋，加入1/3的水，將鴨置於蒸架上（避免接觸到水），隔水蒸15~20分鐘，完全減壓後取出。
8. 備一油鍋，大火加熱至油冒煙後，小心將鴨子放入熱油中，並改為中小火，兩面各炸5分鐘，讓鴨皮呈現酥脆狀，最後轉大火炸1分鐘，將油逼出後撈起，趁熱食用。

同場加映

滷鴨

材料

- 土番鴨……1隻（2500至3000公克）
- 生薑……1根
- 紅辣椒……1根
- 青蔥……2根
- 當歸頭……1顆

調味料

- 陳年滷汁……3碗
- 米酒……半杯
- 黑豆油……半杯
- 糖……2大匙

作法

1. 所有食材洗淨。
2. 鴨子剁去鴨頭、鴨頸、鴨翅及鴨腳，用米酒均勻塗抹於鴨子外皮。
3. 備一油鍋，加熱至油冒煙後，小心將鴨子放入熱油中，並改為中小火炸，兩面各炸10分鐘，讓鴨皮呈現酥脆狀後撈起。
4. 取一湯鍋，加入陳年滷汁、生薑塊、紅辣椒、青蔥、當歸頭、米酒、黑豆油及糖煮開。
5. 將炸好的鴨放入滷鍋中，若滷汁不夠覆蓋鴨子，可酌添水以及適量的黑豆油與米酒，以中火續滷1小時後，取出剁塊即可上桌。

獨門茶葉蛋

材料

- 雞蛋……16至20顆
- 茶梗……50公克（選用）
- 泡過的茶葉……600公克
（凍頂烏龍為佳）
- 八角……2大匙
- 花椒……1大匙
- 火腿皮……450公克★

調味料

- 黑豆油……一杯

作法

1. 生雞蛋以滾水煮7分鐘後，關火，再浸泡30分鐘，取出，輕敲蛋殼出現龜裂紋。
2. 取一大湯鍋放入茶梗、泡過的茶葉、黑豆油、八角、花椒、火腿皮及水1000毫升加熱煮滾後，將鴨蛋放入鍋內，以小火煮10分鐘關火。
3. 讓鴨蛋浸泡於滷鍋中3小時，再開小火加熱10分鐘，關火。以此作法重複三次即可食用。

滷一鍋香濃茶葉蛋的祕密

臺灣人愛吃滷蛋與茶葉蛋，滷蛋強調外硬內鬆的口感，用鴨蛋效果較好；而茶葉蛋則正好相反，要內外都很鬆軟；此時，選擇雞蛋較適當且用浸煮。

近來，高速公路休息站都可以看到新東陽的茶葉蛋，標榜茶葉蛋滷汁所用的茶梗是由「製茶達人虫二阿伯」所提供，虫二就是「虫二茶莊」，是臺灣老字號茶莊，老闆是我多年好友，三十年前在臺北已頗負盛名，目前位於永康街巷內的臺北店，則是由虫二阿伯的妹妹經營，而虫二阿伯經營的茶莊聽說已搬到位於福爾摩沙高速公路竹山交流道附近的紫南宮，這間店也賣茶葉蛋，虫二阿伯常誇說他的茶葉蛋口味非比尋常，原因就在於他用的是凍頂烏龍茶葉，我吃過，也覺得比市面上販售的茶葉蛋要好很多。

製作茶葉蛋的重點就在於使用的茶葉，不需使用未泡過的乾茶葉，只要茶梗或已泡過的茶葉即可，但是要用自己在喝的好茶。通常我會把泡過的凍頂烏龍茶葉放在冰箱冷藏貯存備用，高山茶則因茶色過淡，且香味遠不及凍頂烏龍，所以我不太常使用。

茶葉蛋除了以茶汁上色外，還需要黑豆油。然而，我的祕訣則是放入火腿皮，這是我的茶葉蛋與眾不同之處。熟成的火腿皮表層都會白白花花的，商家通常會削去表層。有一次到南門市場上海火腿店買火腿，店員問我要不要火腿皮，我好奇問她火腿皮有什麼用？她說可以用來製作茶葉蛋。在茶汁中加入火腿皮除了可以增加鹹味，還能讓茶葉蛋呈現油亮的光澤，而且讓茶葉蛋散發出一股獨特的火腿香氣。

一般說來，滾水煮蛋時，不能讓蛋過熟，所以我建議只需滾煮七分鐘，之後再讓蛋浸泡三十分鐘，把蛋殼敲裂，就可以放入調味好的茶汁中，一開始先用小火煮十分鐘讓茶葉蛋上色，接著浸泡三小時，讓茶葉蛋吸入茶汁的香氣，等到茶汁冷卻後再開火續煮加熱，如此重複三次則大功告成，吃不完的茶葉蛋可以放入冰箱冷藏，冷食也相當美味。如果用電鍋煮茶葉蛋，煮二十分鐘後就讓電鍋處於保溫狀態，半天後就可完成製作程序，這種作法除了縮短製作時間，也較為方便。

獅子頭

材料

• 胛心肉……600公克
• 板油……60公克★
• 青江菜或長形山東大白菜……200公克
• 青蔥……1根
• 生薑……半根

調味料

• 米酒……1小匙、2大匙
• 黑豆油……1小匙、4大匙
• 糖……1小匙
• 太白粉……1小匙

作法

1. 所有食材洗淨。胛心肉與板油切成小肉丁；青蔥洗淨切末；生薑切片備用。
2. 胛心肉丁與板油丁混合，先以菜刀背輕粗剁以裂解豬肉紋理。
3. 將蔥末、米酒及黑豆油各1小匙與豬肉混合，繼續摔打直至肉團表面發亮，並分成4等分捏成肉團。
4. 平底鍋加適量油熱鍋，將肉丸放入鍋中以中火煎至金黃色起鍋。
5. 取一小湯鍋，加黑豆油4大匙、糖、米酒2大匙及水200毫升，將煎好的獅子頭放入鍋中煨煮30分鐘，再放入青江菜繼續煨煮5至10分鐘。起鍋前，以太白粉勾芡即可上桌。

廚房筆記

1. 板油是介於豬皮及瘦肉間的肥肉，也可稱肥油。加熱或煎過以後會出油，放在豬肉裡可增加口感的潤滑度，購買豬肉時可以向肉販要一些。
2. 青江菜無須分葉，整顆入菜；若使用山東長形大白菜，則須分葉後切半。
3. 豬肉可以先冷凍，才容易切成小肉丁。豬肉團不可攪拌，否則獅子頭不會鬆嫩。

摔打出來的絕妙口感——獅子頭

很多獅子頭的食譜會教導讀者放入豆腐或麵包丁等食材讓肉質鬆軟。其實這些都不需要，讓獅子頭肉質鬆軟的關鍵就是不能使用絞肉，而是選用小肉丁，再經由粗剁及摔打即可。

透過刀背粗剁，豬肉的肌理開始裂解，而摔打則讓肌理相互交織不會斷裂，逐漸形成具凝聚力的肉球，這樣的獅子頭吃起來才會鬆軟。如果是用絞肉，其纖維早已被機器絞斷，吃起來口感就略遜。

之前擔任高雄市財政局長期間，有幾位單親媽媽在社會局的協助下開始販賣便當，獅子頭是便當主要菜色之一，但不知道為什麼，她們的獅子頭總是做不好。後來社會局長在網站上看到我部落格裡的食譜，就請她們與我聯繫，要我教做這道菜。這些媽媽準備食材時，看到我開的食材單上寫著豬肉而非絞肉，都很疑惑。等我一示範摔打肉團的過程，她們才了解這種作法做出來的獅子頭，不像一般用絞肉做的獅子頭，而且切開來，還可以看到豬肉的纖維交織成一體，而非透過太白粉黏成一球的肉末。

獅子頭是一道費工的料理，但很適合親子一起動手做，只要準備數個大碗公或不鏽鋼盆，各自摔打肉團便是很有趣的活動。

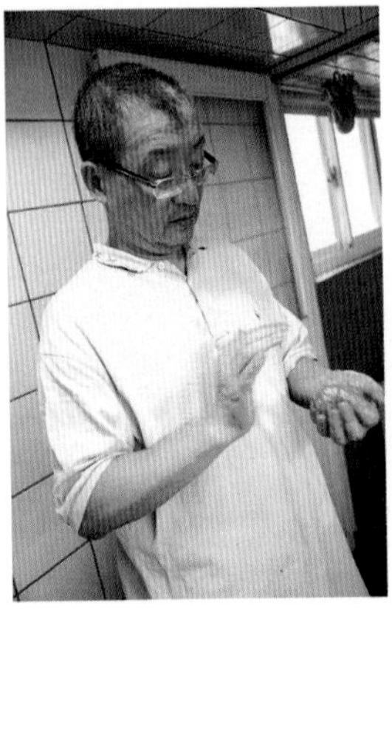

北方薄餡餅

材料

- 中筋麵粉……600公克
- 豬絞肉……600公克
- 青蔥……600公克
- 溫水……150毫升（約攝氏45度）

調味料

- 黑豆油……1大匙
- 薑汁……適量
- 麻油……適量

作法

1. 溫水與中筋麵粉攪拌均勻並揉成麵團後（不能太乾），用溼布覆蓋，在室溫下醒2小時。
2. 青蔥洗淨，切細花。
3. 豬絞肉與黑豆油、薑汁、麻油及蔥花拌勻成內餡。
4. 將醒好的麵團分成兩份，分別擀成約0.4公分厚的大張麵皮，內餡亦分為兩份，分別平鋪於麵皮上。
5. 將鋪了內餡的麵皮小心捲起成粗棍狀，兩端收緊麵皮，封住內餡。
6. 將捲成粗棍狀的麵團用拇指與食指小心捏斷成2或3等分，每份含內餡的麵團兩端均要收緊麵皮。
7. 先用手輕壓麵團，再用擀麵棍輕輕將小麵團擀成1公分厚的麵餅，擀的過程避免過度用力，以免內餡被擠壓出來。
8. 起油鍋，油不要太少，以中火將麵餅兩面煎黃即可。

廚房筆記

可請豬肉舖將豬肉絞兩次，增加口感細緻度。

1. 麵團擀成約0.4公分厚的麵皮。
2. 內餡平鋪於麵皮上。
3. 將鋪了內餡的麵皮小心捲起，並隨時將兩邊的麵皮收緊，以防內餡跑出。
4. 將捲成粗棍狀的麵團周圍封緊。
5. 從中間輕輕將粗棍狀麵團捏成兩半較小的麵團，捏的過程要隨時將麵皮封緊。
6. 把上個步驟的麵團放平，用手輕輕壓平，再用擀麵棍以極輕的力道將麵團擀成約1公分厚的麵餅即可。

雪菜肉絲炒年糕

材料

- 胛心肉……100公克
- 雪裡紅（雪菜）……150公克
- 鮮筍……1顆
- 寧波年糕……300公克
- 紅辣椒……1根

調味料

- 豬骨高湯……1/3杯
- 醬油……1小匙、2大匙
- 麻油……適量
- 糖……1小匙

作法

1. 所有食材洗淨。胛心肉切絲，用醬油1小匙與少許麻油醃10分鐘。
2. 雪裡紅切細段；紅辣椒切段；鮮筍去殼切絲；寧波年糕切片。
3. 起油鍋，待油燒熱後，放入胛心肉絲快速翻炒至熟，起鍋。
4. 將雪裡紅、筍絲及紅辣椒段入鍋翻炒，待筍絲炒軟時，加入糖1小匙、醬油2大匙及豬骨高湯，改小火拌炒至醬汁煮滾。
5. 放入年糕片慢慢翻炒至軟熟，最後加入肉絲拌炒均勻後即可起鍋。

炒出彈Q軟嫩的年糕

當前韓流盛行，因此很多人知道韓式泡菜鍋或海鮮鍋最後都會加進白色、質地堅硬的年糕棒一起烹煮。這種年糕不只韓國人愛吃，其實在江浙菜裡的炒年糕，也會利用形狀不同的白年糕入菜。

國內常見的炒年糕除了上述的韓式吃法外，就是雪菜肉絲炒年糕。江浙人愛吃雪菜肉絲炒年糕，其中雪菜也可隨個人喜好換成大白菜、酸白菜，甚至韓國泡菜。至於閩北人常吃的帶花芥藍炒年糕則較少見，這道菜基本上是一道素菜。芥藍菜有黃、白花兩種，白花的芥藍口感較佳，但不易買到。市面上販售的黃花芥藍約十五至二十公分長，料理時將菜梗削皮切斜段，菜葉及花也要保留下鍋炒，這樣才好吃。

很多青菜都不耐煮，芥藍菜正好相反，愈煮愈甜。料理芥藍炒年糕，放糖、紹興酒與醬油調味時，應加四分之一杯的水，以免湯汁太少；而放入年糕翻炒時，要改小火，讓年糕軟熟入味即可。

面對這種無味又硬的白年糕，很多人常不知如何處理，其實年糕不論水煮或翻炒，最正確的作法就是將年糕切片，無須汆燙，直接放入鍋中烹煮即可，因為汆燙過的年糕很容易炒糊，影響口感。由於年糕的製作方法各家略有差異，且使用的米不同，所以購買時應注意選用白年糕的品質，品質較佳的年糕久煮不碎，用乾米粉壓合的年糕品質較差，容易糊爛。

芥藍炒年糕

材料

- 帶花芥藍……600公克
- 寧波年糕……300公克

調味料

- 醬油……2大匙
- 紹興酒……2大匙
- 糖……2小匙

作法

1. 所有食材洗淨。帶花芥藍剝除外皮，大梗切段；寧波年糕切片。
2. 起油鍋，待油燒熱後，將帶花芥藍放入鍋內快速翻炒至軟，加醬油、紹興酒及糖繼續拌炒。
3. 待鍋內醬汁煮滾後，放入年糕片，轉小火慢慢翻炒至軟熟後，即可起鍋。

青蟹炒蛋

材料

- 青蟹、花蟹或紅蟳……1隻
- 青蔥……2根
- 蛋……6顆

調味料

- 米酒……1大匙
- 鰹魚粉……1小匙
- 麻油……1大匙

作法

1. 青蟹剝開上殼，去除上殼中的砂囊及蟹體中的肺囊，洗淨。將青蟹上殼及青蟹置於盤中，淋上米酒1大匙，以電鍋蒸7分鐘後取出，將蟹體切成6塊，大螯可用菜刀破殼，蟹汁保留備用。
2. 青蔥洗淨，切細花；6顆蛋均勻打成蛋汁備用。
3. 蛋汁置於容器，加入蔥花、蒸熟的蟹膏、蟹汁20毫升拌勻，加鰹魚粉及麻油調味。
4. 起油鍋，待油燒熱後，先將蛋汁倒入，底部開始要凝固成型時，將蟹肉塊倒入鍋中翻炒。
5. 待蛋汁完全凝固並附著在青蟹塊上之後，即可關火起鍋盛盤。

先蒸，可保留螃蟹精華

不少餐廳或個人料理青蟹炒蛋時，青蟹都是先採用油炸處理，這裡改用蒸的，蒸約七分鐘即可，不需完全蒸熟，以免青蟹的鮮甜蟹汁流失。

蒸過的青蟹可將殼中蟹膏掏出，放入蛋汁中，大螯以刀背略為拍碎。起油鍋要放入足量的油，油不夠，蛋炒起來會不好吃且不易凝結成塊不好看，將蛋汁放入鍋中，改中火，一分鐘後，開始翻炒已漸凝固的蛋汁，放入瀝乾的蟹塊一起炒，讓青蟹均勻沾黏上蛋液，等蛋液快凝結時再翻動，這樣蟹塊上面就會有蛋塊，不會蟹與蛋分家。

我改以清蒸螃蟹的用意，除了避免油炸的麻煩，另一原因則是怕直接在油鍋中炒螃蟹，螃蟹不易熟透，先蒸過再炒，不易失手。螃蟹在蒸的過程裡，留在上蓋的蟹膏蟹汁可以保留下來，倒進蛋汁增加炒蛋的香氣，以免浪費。

醃篤鮮

材料

- 帶骨火腿……600公克（以關節部位為佳，稱之為火炯）
- 黑毛豬五花肉（三層肉）或豬前腳……600公克
- 冬筍或綠竹筍……2支
- 百頁結……200公克
- 青江菜……200公克

調味料

- 米酒……1/3杯

作法

1. 所有食材洗淨。冬筍切片；青江菜切段。
2. 帶骨火腿（火炯）與五花肉用滾水汆燙3分鐘後取出。
3. 取一砂鍋，放入帶骨火腿（火炯）、五花肉、米酒，並加水1800毫升覆蓋所有食材，以大火滾煮30分鐘後，取出五花肉，繼續以中小火煮40分鐘。滾煮過程應適時注意湯汁是否太少，太少即刻加水繼續煮。
4. 將百頁結及筍片放入湯鍋裡，再煮20分鐘，最後放入青江菜煮5分鐘，關火，即可原鍋上桌。

廚房筆記

1. 熬湯時必須先用大火，再改為中小火，湯汁才會呈現乳白色。
2. 五花肉或豬前腳取出後，可切片或切塊食用，以淡色醬油加蒜末做為沾醬；也可將五花肉片做為回鍋肉或茭白筍炒五花肉的材料。

火候裡見真章——醃篤鮮的乳白色湯頭

醃篤鮮是江浙館子的名湯，乳白色的湯頭是其一大特色。若熬出來的湯頭顏色略帶透明而非乳白色，那就不叫醃篤鮮，可請餐廳的服務生將湯端回去重做。所以，做這道湯的重點就在於如何熬出乳白色的湯頭。之前便常常有人問我：「為什麼醃篤鮮熬了半天，湯還是不白？」我最早煮醃篤鮮也有同樣問題，直到有一次無意間開了大火熬湯，才明白關鍵在於熬煮火炯或豬腿骨時的爐火大小，而非熬煮時間長短，前三十分鐘必須以大火熬煮，之後再轉中火續熬。乳白色的湯頭熬出來，醃篤鮮就算成功。

醃篤鮮的材料其實不難取得，其中最重要的食材就是火腿，我建議選用關節部位（稱之為火炯），因為這個部位骨頭較多，熬出來的湯頭較白且香，一般而言，從關節起算，再往上二層都很適合。買火腿的最佳時期為每年九、十月到農曆年前一個月，過年前買的火腿品質較差，因為每年農曆年前，火腿舖為了趕過年需求所製作的火腿，製作的時間不足。火腿是這道湯品味道的主要來源，而五花肉或豬前腳則可提升湯頭的鮮味，放豬前腳除了增加湯的膠質，也可讓湯色更白。豬前腳煮一小時後，可將豬前腳取出放涼，沾醬油亦可成為一道菜。

只要火腿放得夠，醃篤鮮就無須加鹽調味，湯的鹹味來自火腿，除了火腿外，醃篤鮮還需要加入百頁結。百頁結有兩種，一種質地較細、較薄，通常是用來炒的，例如雪菜炒百頁就是用這種百頁；另一種則質地較厚、較大，常會打上一個結，醃篤鮮就要選用這種。至於醃篤鮮所放的蔬菜，可採用臺灣當令的食材，例如夏天可放綠竹筍片，冬天可加入青江菜或冬筍片。

醃篤鮮吃不完，還可拿來煮拉麵，乳白色的湯頭搭配拉麵不就是日本的中華拉麵嗎？其實日本中華拉麵源自上海。拉麵湯頭一般都使用雞骨或豬骨為底，開大火熬就能煮出中華拉麵特有的乳白色湯頭。

江浙菜中與醃篤鮮類似的湯品就屬鮮雞火腿砂鍋，湯汁同樣要呈現乳白色。除了中段帶骨火腿（火炯）外，其餘食材都不一樣，但同樣都容易取得。如果選擇使用大白菜，最好是起鍋前十分鐘再加入，否則大白菜熬久了，湯汁會產生酸味，壞了整鍋湯的味道。

同場加映

鮮雞火腿砂鍋

材料

- 帶骨火腿（火炯）……600公克
- 土雞……1隻（1300至1800公克）
- 山東大白菜……半顆

調味料

- 米酒……1/3杯
- 魚露……適量

作法

1. 帶骨火腿與整隻土雞洗淨，滾水汆燙3分鐘後取出。
2. 山東大白菜洗淨，切開備用。
3. 帶骨火腿（火炯）與全雞放入砂鍋，加水2000毫升覆蓋食材煮滾，接著加入米酒以大火煮30分鐘，再轉中、小火繼續煮1小時，湯汁變少時需補充水。
4. 加入適量魚露及大白菜，再煮10分鐘，即可關火原鍋上桌。

廚房筆記

1. 此道湯品的顏色與醃篤鮮同，應該呈現乳白色。
2. 最後一個步驟，煮大白菜時間不能超過十分鐘，以免湯汁產生酸味。

Life系列045

經濟學家不藏私料理筆記：家常菜升級辦桌功夫菜的祕方

作　者─林向愷
攝　影─廖家威
主　編─邱憶伶
責任編輯─陳映儒
行銷企畫─陳毓雯
封面設計─兒日
內頁設計─黃雅藍

編輯總監─蘇清霖
董 事 長─趙政岷
出 版 者─時報文化出版企業股份有限公司
一〇八〇一九臺北市和平西路三段二四〇號三樓
發行專線─（〇二）二三〇六六八四二
讀者服務專線─〇八〇〇二三一七〇五・（〇二）二三〇四七一〇三
讀者服務傳真─（〇二）二三〇四六八五八
郵撥─一九三四四七二四時報文化出版公司
信箱─一〇八九九臺北華江橋郵局第九九信箱

時報悅讀網─http://www.readingtimes.com.tw
電子郵件信箱─newstudy@readingtimes.com.tw
時報出版愛讀者粉絲團─http://www.facebook.com/readingtimes.2
法律顧問─理律法律事務所 陳長文律師、李念祖律師
印　刷─詠豐印刷有限公司
初版一刷─二〇二〇年三月二十日
定　價─新臺幣三八〇元
（缺頁或破損的書，請寄回更換）

時報文化出版公司成立於一九七五年，
並於一九九九年股票上櫃公開發行，於二〇〇八年脫離中時集團非屬旺中，
以「尊重智慧與創意的文化事業」為信念。

經濟學家不藏私料理筆記：家常菜升級辦桌功夫菜的祕方／林向愷著. -- 初版. -- 臺北市：時報文化, 2020.03
面；　公分. --（Life系列；45）
ISBN 978-957-13-8111-4（平裝）

1.食譜　2.烹飪

427.1　　109002095

ISBN 978-957-13-8111-4
Printed in Taiwan.